水族館発！
みんなが知りたい
釣り魚の生態

釣りのヒントは
水族館にあった!?

海野徹也・馬場宏治 編著

成山堂書店

本書の内容の一部あるいは全部を無断で電子化を含む複写複製（コピー）及び他書への転載は，法律で認められた場合を除いて著作権者及び出版社の権利の侵害となります。成山堂書店は著作権者から上記に係る権利の管理について委託を受けていますので，その場合はあらかじめ成山堂書店（03-3357-5861）に許諾を求めてください。なお，代行業者等の第三者による電子データ化及び電子書籍化は，いかなる場合も認められません。

はじめに

「水槽で飼われている水族館の魚って自然じゃない！」という人がいました。それが本当なら、この本で書いている釣り魚の生態は参考にならないということになりかねません。それは困るので、検証してみましょう。

もし、魚が心地良い環境にいたなら、エサを良く食べる！　どんどん成長する！　病気にかからない！　長生きする！……一つ、忘れてはいけないことがあります。それは、卵を産むことです。エサを食べ成長する最終目的は、子孫繁栄なのです。じゃあ、水族館の魚は卵を産んでいるでしょうか？　もちろん産んでいます！

最初に産卵が確認されたのは1967年、鳴門自然水族館で飼育されていたマダイが卵を産んだのです。今ではマグロをはじめ、魚の完全養殖は飼育水槽（網イケス）で親魚を飼育して卵を産ませています。こうした自然採卵法が主流になったきっかけは飼育のプロ集団がいる水族館なのです。

そうだ！　もう一つ大切なことがあります。それは、水族館の魚は天然ものだということです。ごく一部の魚を除けば、網で採られたり、釣られたりした魚なのです。いくら水族館の魚がエサに慣れていると言っても、「三つ子の魂百まで！」です。水族館の魚は自然に近い環境で、野生の本能を忘れずに生きているのです。

さて、そろそろ本書の"はじめに"をスタートさせましょう。平成24年10月に神戸市立須磨海浜水族園の特別展で「科学から見たあなたの釣り～魚のキモチ教えます～」が開催されました。水族館スタッフが釣り魚の行動、生態、生理を科学の目線から追究した展示を行ったのです。アングラーには水面下の釣り魚は見えません。水面下の釣り魚の行動は想像の世界です。ただし、釣り魚を、毎日、眺めているのが水族館の飼育員です。しかも、彼らが釣り好きだったら、どんな視点で釣り魚を眺めているんでしょう。一般のアングラーが知らない釣り魚の秘密を知っていると思いませんか？　豊富な知識、経験、観察眼を持つ釣り好き水族館の飼育員はある意味、最強のアングラーだと思います。

イベント開催中の平成25年2月には特別展のイベントの一つとして、「お魚博士VSフィッシングナビゲーター釣り対談　釣りの常識、ウソ、ホント？」も開催されました。釣り番組のフィッシングナビゲーターである伊丹章氏、須磨・平磯海づり公園の高田玲欧氏、須磨水族園の馬場、東口、そして海野が登壇し、観客を交えた対談が行われたのです。実は、このイベントがきっかけで本書が誕生しました。イベントの後の"アングラー飼育員"の馬場と"釣りバカ、時々、研究者"の海野との雑談を披露して"はじめに"とさせていただきます。

はじめに

海野 今日はアングラーさんもたくさん来られてましたね。
馬場 いやあ、やっぱり、皆さまも新鮮な情報を釣りたいんですよね。科学的な。
海野 水族館で仕掛けをテストしながら、釣りしたいですね。
馬場 いや、それが、あるんですよ！ 釣りしたことが！
海野 えっ、水族館で……？
馬場 水槽からある種の魚だけを取りあげたい時に釣りしますよ。水槽の水を抜いたりすると後が大変でしょう。それに、タモ網で追いかけまわすより、魚にストレスあたえないんですよね。
海野 そうなんですか。じゃあ、入れ食いだったでしょう？
馬場 いや、それが違うんです。釣れませんよ。スレるんです。水槽のブリを1尾釣ったら、ほかの個体がスレてしまって、さっぱり釣れなくなったんです。
海野 毎日、エサもらっている環境なのに、それはあり得ないでしょ。仲間が釣られていくのを見て「あ、これは仲間がやられているな」と感じているんですかね？
馬場 そうだと思います。その生態によりますが、たとえばある程度の密度でいる魚、群れで動いている魚はやはり仲間が釣り上げられていくのを見ているのではないかなと思います。
海野 スレが伝搬するんですね。釣り竿の下で起こっているとすれば、ゾッとしますよね。
馬場 いや、きっと起こっていますよ。スレると警戒レベルが上がってしまって、エサを注意深く見ていますね。普通のエサはバクバク食べるのに、針の付いたエサは、目の前まで来てフッて見切りますから。
海野 すごい話ですね！ 糸が見えているんですか？ それとも針？ もしくは落下スピードとか動きですか？ 針付きエサと針と同重量のオモリを仕込んだエサの食いを比較したいですね！
馬場 落下スピードを同じにして、針の視認の影響を調べる実験ですね。
海野 そのとおりです。
馬場 じゃあ、糸付きの釣り針をエサに装着したものと、針無しで、釣り糸とエサを結んだものも比較しないといけませんね。
海野 いやー、さすがですね。針の影響を調べるということですね。さすが、アングラー飼育員！
馬場 実は、私みたいな釣り好きのアングラー飼育員、全国の水族館には結構いるんですよ。
海野 え、それはすごい！ 皆さん、馬場さんのようなネタをお持ちなんですよね。
馬場 もちろん、そうだと思います。釣り具メーカーの釣り具開発に関わっている人もいますよ！
海野 やっぱ！ メーカーも黙ってないですよね。
馬場 時には釣り雑誌なんかにも執筆していると思います。
海野 説得力ありますからね。いっそ、アングラー飼育員たちが集まって情報発信しませんか。水族館発の釣り魚の生態、皆さん、知りたいと思いますよ。（続く）

平成27年4月25日
海野徹也・馬場宏治

目次

#01 魚が見える！魚も見える！
渓流魚の視野とエササイズ　（古賀　崇　おたる水族館）……………8

#02 ピラニア釣りから学ぶ
音は捕食スイッチを ON にする！　（安藤孝聡　栃木県なかがわ水遊園）……………12

#03 水族館の周辺生物情報で釣りをランクアップ
干潟の生物環境から考える東京湾のスズキ　（佐藤　薫　東京都恩賜上野動物園）……………16

column　オウサマペンギンの羽でフライ　（梶　明広　島根県立しまね海洋館アクアス）……………20

column　陸を好む魚、トビハゼ　（濱崎佐和子　広島大学）……………21

#04 深海魚、キンメダイの秘密！
輝く眼、垂直移動、向こうアワセ　（重　秀和　横浜・八景島シーパラダイス）……………22

#05 長竿＆本流で狙う渓流魚
大物はニオイに敏感で居食いが基本　（中井　武　京急油壺マリンパーク）（2021年9月30日閉館）‥26

column　ロマンを運んだ「戻りヤマメ」　（海野徹也　広島大学）……………30

column　採集は飼育員の財産だ　（土田洋之　いおワールドかごしま水族館）……………31

#06 シーバスの素顔
テクニカルならマル、男の釣りならヒラ　（浅川　弘　下田海中水族館）……………32

#07 尺メバルへの流儀
速巻き釣法とシャローエリアで周年ターゲット　（藤原克則　下田海中水族館）……………36

column　減圧は大敵　（宇井晋介　串本海中公園水族館）……………40

column　メバルたちの帰巣性　（津行篤士・海野徹也　広島大学）……………41

#08 オトリアユも水族館の魚も元気が一番
輸送のノウハウをオトリ缶に応用！　（松田　乾　名古屋港水族館）……………42

#09 知って得する"まち海"の環境
釣りエサからポイント選びまで　（中嶋清徳　名古屋港水族館）……………46

#10 タコにラッキョウを検証する
知的なタコは好奇心も豊か　（森　昌範　名古屋港水族館）……………50

column　タッチで味見するタコ　（笘野哲史・海野徹也　広島大学）……………54

column　クロマグロと水族館　（吉田　剛　串本海中公園水族館）……………55

目次

#11 水族館発！新感覚エギング
アワセからスレ対策まで （辻 晴仁　鳥羽水族館） …… 56

#12 メジナ釣りの魅力
エサへのアプローチと感覚器の世界 （神村健一郎　志摩マリンランド）(2021年3月31日閉館) …… 60

#13 アオリイカ飼育日誌
飼育してわかった若イカの不思議 （井村洋之　新潟市水族館マリンピア日本海） …… 64

#14 釣りから学んだ飼育術、飼育から学んだ釣り
憧れのライギョ、ザリガニを食べるコイ （田村広野　新潟市水族館マリンピア日本海） …… 68

#15 飼育員になって釣りの楽しさ倍増！
みんなが知らない釣り魚の素顔 （笹井清二　越前松島水族館） …… 72

#16 女性アングラーからみた釣りのキモ
食べ方からポイントまで、勝算は観察にあり？ （佐藤亜紀　京都水族館） …… 76

#17 飼育からわかったタチウオ
暗いのが嫌い、共食い大好き！おもしろ生態学 （北谷佳万　海遊館） …… 80

column　コイのルーツ （東口信行　神戸市立須磨海浜水族園）(現所属 átoa) …… 84

column　タチウオ採集に秘密のエサ （御薬袋 聡　宮島水族館） …… 85

#18 複眼スタッフからみた釣り魚
メバルのスレ、時合い、ベイト回遊を解く （馬場宏治　神戸市立須磨海浜水族園） …… 86

column　「顔」で仲間を識別する魚がいた！ （幸田正典　大阪市立大学） …… 90

#19 ニオイと味の世界
究極のエサはこれだ！ （東口信行　神戸市立須磨海浜水族園）(現所属 átoa) …… 92

#20 アカメに魅せられた飼育員
フィールドとガラス越しの生態 （寺園裕一郎　神戸市立須磨海浜水族園）(現所属 四国水族館) …… 96

#21 これがブラックバス
嗜好性と学習能力が高い （野路晃秀　神戸市立須磨海浜水族園）(現所属 四国水族館) …… 100

#22 釣り上手、釣られ上手な魚の素顔
好奇心旺盛なメジナ、武士道を貫くヒラスズキ （宇井晋介　串本海中公園水族館） …… 104

#23 水族館で知った魚の意外性
針を吐きだす？食欲の秋？コロダイ・ルアー？ （吉田 剛　串本海中公園水族館） …… 108

#24 フライと色の世界
　　水中環境と視覚で色は変化する　（梶　明広　島根県立しまね海洋館アクアス）……… 112

#25 タチウオ！食わないときはヨコウオ！
　　幽霊魚、ジグキラーなワケ　（御薬袋　聡　宮島水族館）……… 116

#26 アオリイカの"ハテナ"に挑む
　　ベイトと水温から摂餌活性を検証　（鈴木泰也　マリンワールド・海の中道）……… 120

column　イカの視覚　（宮崎多恵子　三重大学）……… 124

#27 オキゴンベとワームバトル
　　学んだのはエサのマッチングと警戒心の解除
　　　　　　（澤田達雄　大分マリーンパレス水族館「うみたまご」）……… 126

#28 食わない魚にエサを食わせる
　　捕食音は摂餌をオン、警戒をオフに？　（土田洋之　いおワールドかごしま水族館）……… 130

#29 美ら海の釣り魚生態
　　モンスターでイメージトレーニング　（山城　篤　沖縄美ら海水族館）……… 134

column　魚が仲間に危険を知らせる"警報物質"　（吉田将之　広島大学）……… 138

水族館紹介 ……… 139
著者紹介 ……… 143
おわりに
　　須磨海浜水遊園スタッフに聞く釣り魚の生態 ……… 147
参考図書 ……… 151
釣り用語索引 ……… 153

#01

魚が見える！魚も見える！
渓流魚の視野とエササイズ

担当生物：魚全般、バンドウイルカ、トド、アザラシ類、ペンギンなど
釣歴：33年
釣りジャンル：フライフィッシング
ホームグラウンド：北海道全域の河川
釣りの夢：現在の夢は事故（出会いがしら）ではなくコンスタントに50センチ以上のニジマスを釣り上げること

古賀　崇
おたる水族館

水族館で身についた"魚視能力"

　北海道に移り住んでもう25年。東京で生まれ、湘南の片田舎で育った幼少時代に父と行ったシログチ釣りが釣りとの出会いでした。近所の川で60センチオーバーの野ゴイを狙い、日が暮れても帰宅せずに母親に怒られ、休日には路線バスで箱根までバス釣りにも行っていました。ヘラブナ釣り、港でのサビキ釣り、船釣り……。トローリング以外のほとんどの釣りを幼少時代に経験した気がします。大学進学で北海道に移り住んでからはふたたびルアーロッドやフライロッドを持って海や山へ通うことが多くなりました。幸いにも今も北海道に住んでいて、家から車で10分のところに、イワナやヤマメ、野生化したニジマスなどが釣れる川があります。

　水族館のある小樽周辺の川は流程が短いわりに高低差があります。だから河口近くまで渓流のような環境で、想像できないかもしれませんが海を背に渓流魚を釣ることもできます。といっても、いつもはヒグマが普通にいるような山の中で釣りをしています。半日歩き回るので、とても足腰が鍛えられる趣味です。周囲の自然がとても素晴らしく、カワセミやヤマセミなどの鳥が私の獲物を横取りすることもあります。テンやエゾシカと目が合ったり、真新しいヒグマの忘れ物（フン）に出会って、ハラハラすることもあります。

　さて、私が紹介する釣り魚は渓流魚で、釣りのジャンルはフライフィッシング（西洋毛針釣り）です。私は10年以上、魚の飼育を担当しました。その間、渓流魚だけでなく、海の魚とも毎日触れ合っていました。ただ、癒されたのは釣りのターゲット同様、渓流魚です。毎日、エサやりや掃除をしていると渓流魚たちの泳ぎ方のクセ、眼球の動き、隠れる場所などが脳裏に焼き付いてしまいました。すると、少し波立った水面からでもパッと見ただけで水槽内の魚の数を誤差1、2尾くらいで数えるこ

① 川になじむ渓流魚とその拡大写真

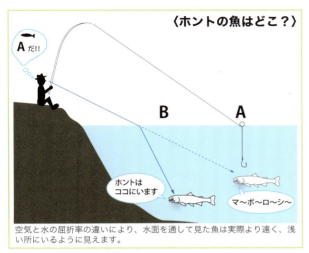

図1 屈折と釣り人 vs. 魚の関係

空気と水の屈折率の違いにより、水面を通して見た魚は実際より遠く、浅い所にいるように見えます。

では、次に視点を変えてみましょう。魚たちに私たち釣り人はどのくらい見えるのでしょうか。一般的に「見える魚は釣れない」と言われていますが、私もそう思います。理由は、人から魚が見えるということは、魚からも釣り人が見えているからです。特に、水中と陸上の境界にある水面で光が屈折します。釣り人には岩陰に潜む魚が見えないのに、魚からは釣り人が見えることもあるのです。また、屈折の関係で、釣り人が想定している場所より、じつは魚は近くにいるということもあります（図1）。

魚の視野（単眼視野）は広く、自分の背後をのぞけば、ほぼ全域をカバーします。もちろん頭上も視野内にとらえることができます。私たちが前を向いて歩いているとき、頭上から何かが

とができるようになったのです。もちろん、だれよりも早く手網で捕まえることもできます。

いつの間にか身についてしまった能力は、フィールドで威力を発揮します。釣り場に到着すると、河畔林の樹種や川の中の岩の状態、水量や水の色をチェックし、魚がいるポイントを予測します。ここまでは普通の釣り人と同じですが、そこからが違うのです。水底の色によく似た魚の背中の色は、上からの外敵に見つかりづらいのですが、私には流れの中に魚が見えてしまいます（写真①）。明らかに流れとは違う運動をする尾ビレ、流れの中にじっとしている様子、辺りを見回している目の動き、そう、あの水族館の水槽と同じです。しかも川では、上流から何かが流れてくると、それに反応して右へ左へ移動しているのがわかります。悪く言えば職業病ですが、よく言えば魚視能力というのでしょうか。

10メートル以内は視野

図2 渓流魚の水面上方に対する視野

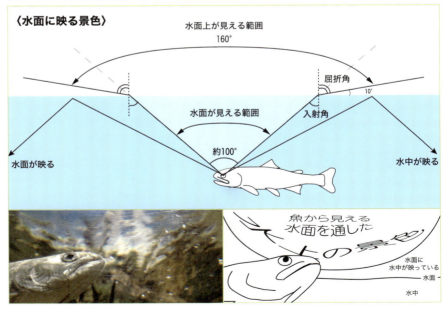

② ワカサギと混泳するイトウ

落ちてきても気づきません。でも、魚は違うのです。ヤマメやイワナは上方に100°弱の円すい状の視野（両眼視野）があると言われています。さらに、その視野は水面での屈折で、10°くらいは拡大されます（図2）。ということは、私たちが思っているよりも、魚からは陸上が広範囲に見えていると思ってよいでしょう。

特に、浅くて水面がフラットなポイントに潜む魚に近づくと気づかれて警戒されてしまいます。たとえば、魚が波立ちのない水面下50センチの所にいた場合、真上に直径約120センチの円状に陸上の景色が見えていることになります。さらに、光が水面で屈折することで視野は広がります。身長180センチの釣り人が魚の視野から外れるには10メートルは離れないといけない計算になります。実際の釣りでは、10メートル以遠から魚を見つけるのは至難の業です。魚の位置を予測し、気づかれる前に真後ろに回り込み、なるべく距離をあけてフライをキャストするのが基本的なアプローチということが、魚の視野からも説明できるのです。

さて、ここまで書くと釣り人の皆さまは魚に対して慎重になってしまいますね。ところが、そうでもないケースがあるのです。私は飼育経験や川での観察から、魚に個体差があることに気がつきました。視野全体に入ってくるエサに気をつかっている個体と、正面ばかりを注視している個体がいるのです。深いポイントや水温が低いときは、水面を流れてくるエサに見向きもしない魚も結構います。テレビに集中していると、辺りで何が起こっているかわからないような感じです。そんな魚には、こんなに近づいていいのか?!というくらい接近戦を挑むのです。ニンフという水生昆虫の幼虫を模した毛針を使い、ギリギリまで魚に近づいて、魚よりも数メートル上流にフライを投入します。そして魚が注視している正面へと毛針を沈めてやると一撃必殺！というわけです。

大型は、楽して食べる！

エサの大きさについて考えてみましょう。魚たちは生きるためにエラ、心臓、ヒレ、筋肉を動かす必要があります。それらを動かすためにはエサを食べてエネルギーを取らなければいけません。しかし、エサを探すためには体を動さなければならないので、魚たちは食べることで得るエネルギーと、エサを探すことで失うエネルギーの関係を本能的に知っています。一生懸命泳ぎ回ったのに小さなエサしか食べられなかったとしたら、消費エネルギーの方が摂取エネルギーより大きくなり、そんなことを続けたならガス欠です。できるだけ大きなエサを、あまり泳がずに食べる方が効率がいいのです。つまり、"楽して食べる"ことができるエサ環境が理想というわけです。

水族館の水槽でも"楽して食べる"魚の姿を目の当たりにしています。1メートル近いイトウと3センチほどのワカサギ5,000尾を一緒に泳がせています（写真②）。ところが、まったくと言っていいほどワカサギは食べられません。イトウは狭い水槽の中でさえも、効率よく大量のワカサギがゲットできないのを知っているのでしょう。それに、黙っていれば飼育員さんが20センチくらいのイカナゴをたっぷり与えてくれますから。ちなみに、30センチくらいの小型のイトウなら好んでワカサギを食べました。小型のイトウなら小さなワカサギでのエネルギー収支が合うのでしょうね。よほどの空腹なときでなければ、"楽して食べる"という

③ ヤマメはピチピチ（左）、イワナはクネクネ（右）

のが基本スタイルだと思います。

　大きな魚を釣りたければ大きなエサ（フライ）を使う！　というのが私の考えです。たとえば、30センチ以上のイワナやヤマメを狙うときは、#4～#6くらいのフライ（長さは3～4センチ）を使います。ちょうど小型のセミの大きさです。時期によっては小さなフライも使いますが、おおむねこのサイズのフライでシーズンを楽しんでいます。さて、初めに魚の視野の話を披露させていただきました。魚によっては前方だけのエサばかり注視しているものがいます。おそらく大きなエサを狙っていると思います。こうした横着な魚ほど結構大きいことが多いと思います。"楽して食べる"をくり返していると、エネルギーの効率がよくなって、あまったエネルギーは成長に投資できるのです。成長して大きくなればよいエサ場を陣取れ、さらにエネルギー効率のアップと高成長が待っています。渓流魚の視覚や食性というのは案外関係あると思っています。

魚は答えてくれる

　水族館の展示水槽で魚を観察するときには、同じサケ科の魚でも体の形や口の形が違うことにも注目してみてください。これらは生活スタイルやエサの食べ方に関連があるのです。たとえば、ヤマメとイワナの体形。胴体の断面はヤマメがだ円形（縦に平べったい）に近いのです。つまり、体幅に対して体高が高いのです。ところが、イワナの胴体の断面は円形に近い形をしています。この体形の違いは生息環境の違いに関連していると思います。ヤマメは流れの速い流域を好んで、しかも中層で定位しながらエサを食べることが多いので、流れの中で泳ぐのに適した体をしています。イワナの仲間はおもに倒木や大きな石の陰など、流れのよどみや、極端に水量の少ない細流などにも生息しています。このような場所は夏場に雨が降らないと水がなくなることもあります。そんなときはニョロニョロとヘビのように体をくねらせながら、水を求めて石の間を移動します。ちなみにヤマメとイワナを釣り上げると、ヤマメはピチピチと跳ねますが、イワナはクネクネ、ニョロニョロと逃げようとします（写真③）。

　次に口先の形。ヤマメは体と同じように、頭から口先にかけてスマートで、流れの中で泳ぎながらエサを取りやすくなっています。対して、イワナの仲間の上アゴの先は丸みを帯び、全体的に下向きの口になっています。この口先の形は、水底にへばり付いたり、石のすき間にいる昆虫を食べるのに便利で、水底近くでの生活に最適です。くわしいことはよくわかりませんが、ヤマメとイワナの口の歯の並びも違うので、時間があれば生活環境との関係を観察してみようと思います。

　最後に皆さまにメッセージです。水族館に来られたら、これまでと違った観点で魚たちを見てください。体に付いているヒレの使い方、眼球の動きなど、じっくり見ているとおもしろいですよ。何となく魚を見るだけでなく、「これは何？」とか「何でだろう？」などと考えながら観察してみてください。そんな疑問に対して魚たちは答えを披露してくれると思います。どうしてもわからないときには職員に質問してみましょう。きっと納得の答えが返ってくるはずです。もしかしたら、あなたの疑問が世紀の新発見につながるかもしれませんよ。

#02 ピラニア釣りから学ぶ
音は捕食スイッチをONにする！

釣歴：33年
釣りジャンル：ルアー全般、渓流から海のジギング、キャスティングまで
ホームグラウンド：季節に応じて、管釣りから海でのジギングまで一年中どこへでも……
釣りの夢：サケ・マス類の世界制覇と世界中の水辺で竿を振ること

安藤　孝聡
栃木県なかがわ水遊園

じつは臆病ものピラニア

「アマゾン」、「魚」とくれば、どんな魚を想像されますか？ それに「怖い」とくれば、おそらく皆さん「ピラニア」と答えるでしょう。ピラニアの仲間は南米のアマゾン川、サンフランシスコ川、オリノコ川などに多くいて、正確にはカラシン目セラサルムス科セラサルムス亜科の魚の総称がピラニアです（写真①）。ピラニアの仲間のうち、30〜40種は肉食性が強く、大きさは体長20〜50センチくらいで、種類によってバラツキがあります。気性が荒く、単独生活を好むのも特徴です。肉食性ということもあって、鋭くとがった歯を持っています。しかも、その歯は定期的にぬけ替わるため、いつも鋭い歯先がキープできるのです（写真②）。

ピラニアといえば怖い魚というイメージがあるでしょう。それもそのはずです。テレビのネイチャー番組がアマゾン川を紹介するときに必ずといっていい程よく登場するのがピラニアで、1匹の獲物を食い尽くすシーンはおなじみです。ピラニアがいる川に入るのは自殺行為だ！ そんな恐怖と先入観が私たちの心に深く刻み込まれていると思います。さて、ネイチャー番組で登場していたピラニアは、ほとんどがピラニア・ナッテリーという種です。では、このピラニアは、本当に怖い魚なのでしょうか？　なかがわ水遊園の名物でもあるピラニアの本当の素顔とピラニア釣行のお話をしたいと思います。

なかがわ水遊園の最大の水槽はアマゾン大水槽です。そこでは3センチくらいの小魚から3メートルもあるピラルクーまで、約100種類、1万尾の魚を飼育しています。「ピラニアがいる所ではほかの魚は生きていけない！」と思われるかもしれませんが、ピラニアもほかの魚たちと一緒に泳いでいます。私たちも掃除のために毎日水槽に入ってピラニアと一緒に泳いでいます。私たちと一緒に泳いでいるピラニアは、あのアマゾンを代表するピラニア・ナッテリーなのですから、結構ショッキングなことではないでしょうか！

しかし、私たち飼育員の目線でピラニアを観察してみると、じつは非常に臆病な魚であるこ

アマゾンでおなじみの
ピラニア・ナッテリー

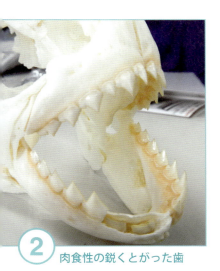

② 肉食性の鋭くとがった歯

とがわかります。たしかにピラニアはいつも水槽内を我が物顔で泳いでいます。しかし、飼育員が水中に入るやいなや物陰に隠れようと、あわてふためいて逃げまわるのです。むしろ、ほかの魚たちの方がよっぽど堂々としています。「ピラニアって臆病なんだ！」これが、飼育員全員一致の認識なのです。

捕食の「スイッチ」がONになる

そんな臆病なピラニアをルアー（疑似餌）で釣るにはどうすればよいかを考えてみましょう。ルアーで魚を釣るには、その魚の捕食スイッチをONにしてやればいいのです。では、スイッチはどうすればONになるのでしょうか？　毎日、水槽内のピラニアを観察していましたが、普段、彼らはエサとなるような小魚たちが目の前を泳いでいても知らん顔。しかし、飼育員が投げ入れたエサにはしっかり反応します。結局、水槽のピラニアは、定期的にエサをもらえることを学習してしまったのでしょう。わざわざ労力を使って魚を襲う必要もないのです。

ところがです。飼い慣らされた彼らでもある瞬間だけ周囲の魚を襲うことがありました。正に「スイッチON」の瞬間があったのです。それは水槽に新しい魚を放したときです。新しい魚といっても、これまでいなかった種を放したわけではありません。ただ単に、アマゾン大水槽が初めてだという魚を静かに放しただけです。種という観点ではピラニアにとっても見なれた魚のはずです。しかし、彼らは狂ったように新しい魚に襲いかかるのです。

なぜでしょうか？　理由として考えられるのは、水槽の環境に慣れていない魚の動きが不自然だったことです。落ち着きがなく、右往左往して逃げ回る不自然な動きと、そこから生じる刺激的な遊泳音こそがピラニアの捕食スイッチだったのではないでしょうか。飼い慣らされたピラニアでさえも反応するので、野生のピラニアがこの刺激的な遊泳音を聴けば捕食スイッチがONになるはずです。

もう一つ確かめたいことがありました。それは水面の音です。アマゾンで釣りをしている現地の人が、棒きれで水面をバシャバシャとたたいているシーンをテレビで見たことがあります。日本でこんなことをしたら魚が逃げてしまう気がしますが、どうやらアマゾンでは魚が寄ってくるようなのです。そこで、実験です。水槽の水面をデコピン連射してみました。すると日本産淡水魚の水槽では、みんな逃げてしまいました。ブラックバスの水槽も同じです。日本の淡水魚にとって水面の大きな音は恐怖を感じるだけで、逆効果であることがわかったのです。

次に、ピラニアがいるアマゾン大水槽で同じ実験をしてみました。すると、まったく違いました。ピラニアがウヨウヨと寄ってきたのです。それだけではありません。セベラムやジュルパリ、草食性が強いメチニスまでもがピラニアの後からお出ましです。

なぜ、こんなに日本の淡水魚たちと反応が違うのでしょうか？　バシャバシャと水面をたたく音は何を意味するのでしょうか？　答えは、おそらくナブラではないでしょうか。日本の川でもナブラは起こります。ところが、日本の魚は小さくて生息密度も低いため、バシャバシャと激しい音のナブラが起こることはないのです。だから日本の淡水魚は、慣れない大きなナブラ音に驚いて逃げてしまうのでしょう。一方で、魚が大きく、生息密度が異常に高いアマゾンでは、激しい音が出るナブラが頻繁に起こるのでしょう。そして、このナブラこそが、エサにありつける絶好のチャンス

③ アマゾン川上流のバレンシア湖での釣り

の証しです。それが刺激になって反応するのではないでしょうか。私的な仮説の結論としては「ナブラ音で寄せて、遊泳音で食わせる！」がアマゾンでピラニアを釣るための条件です。

アマゾン大水槽から
アマゾン川

では、私の仮説は正しいのでしょうか。アマゾン大水槽からアマゾン川へと舞台を移して、ようやく実践です。アマゾンでピラニアを釣ってみましょう。その前に、まずお詫びしなければ……。ここまで主役として登場してきた日本の皆さまの知るピラニア、正確にはピラニア・ナッテリーはアマゾンでは釣れませんでした。なぜか？　いない所に行ってしまったからです（ごめんなさい）！　しかし、別のピラニアでしっかり検証しましたので、ご容赦いただきたいです。

向かった先はペルーのアマゾンでした。アマゾンといえばブラジルを想像されると思いますが、諸々の事情によりペルーのアマゾン。それもかなり上流の……。クスコから東へ200キロほど進んだ所にあるプエルトマルドナドから、さらに東へボートに揺られること約5時間。ボリビア国境に近いバレンシア湖です（写真③）。

やっと野生のピラニアに対して、仮説を検証する瞬間です。まず、手に取ったのはラトル入りの大きなペンシルベイト。なるべく大きな着水音と遊泳音を出すためのチョイスでした。結果……、このペンシルでは釣れませんでした……。しかし、読みは的中でした。どういうことでしょう？　ペンシルのドッグウォークに対して、すさまじい数のバイトが起こったのです。ナブラの開始を告げる巨大な着水（ナブラ）音と不自然な遊泳（ラトル＋飛沫）音で、しっかりと魚たちの捕食スイッチを入れることに成功したのです。ただ、ルアーとフックが大きすぎたのでしょう……きっと……。

「腕は未熟だけど、それが原因ではないはず！」と信じて、ルアーを小型のポッパーに交換してみました。対ブラックバスにおける私の一番のお気に入りルアーで、使い方もバッチリです。しかし、この小型ポッパーは最初のペンシルに比べれば、ボディサイズは半分以下で遊泳音も期待できません。しかもラトルなしのポップ音だけなのでアピール不足と感じていました。しかしです。竿を持つと"予想と期待"が違うのは釣り人の性、おまけにペンシルでスイッチを入れた直後での投入です。当然それなりの反応は得られると信じて投げました！　が、沈黙……まったく反応なし。そこには魚がいない！と言い切れるほどの沈黙ぶりでした。

幸か不幸か、仮説は実証されつつありました。ふたたび大きなペンシルを投げると、またすさまじい数のバイトが起こったのです。どうやらアマゾンでは小さな音では相手にされないのです。ターゲットが小型の魚でもです。バイトしてきた魚が小さかったと信じています……今でも……。

そこで、トップでの釣りをあきらめ、遊泳音といえば強力な振動を発するバイブレーション！ということで、バイブレーションを投入しました。が、一瞬でボディに穴を開けられたあげく、フックも破壊されてしまいました……。やむを得ず、奇跡的なフッキングを信じて、ペンシルを投げ続けましたが、結局、魚が掛かることなく、いつしかスイッチは OFF になってしまいました。

戦略を変えてみました。私が大きなペンシルでスイッチを入れ、同行者が小型のスプーンで魚をフッキングさせる作戦です。スプーンは小さな着水音しか出ませんが、シルエットのわりに

④ スプーン(右)にヒットしたブラックピラニア

大きな遊泳音が出て、しかも、金属なので破壊される心配は無用です。よい結果につながることが期待されました。結果は予想通り！ ブラックピラニアのフッキングに成功！ "予想と期待"が一致した瞬間でした。やはり「ナブラ音で寄せて、遊泳音で食わせる」です。が、この1尾でこの日は時間切れとなってしまいました……(写真④)。

やはりナブラ音がカギ

翌日、現地の子どもたちが釣りをしていたので仲間に入れてもらいました。現地の子どもたちは、立派な釣り竿を持っているわけでもなく、棒きれに糸と針を付けただけの超簡単なタックル。船頭は糸だけの手釣り、エサは魚の切り身。私にとっては、現地の釣りを観察するチャンスだったので、しばらく見学です。すると、やはり棒きれで水面をバシャバシャとたたくのです。するとどうでしょう……、入れ食いです。ピラニアだけでなく、いろいろな種類のカラシンがあれよあれよと。

ひとしきり見学した後、私も釣りを始めました。当然、エサは使わない。ルアー勝負です。子どもたちのおかげでスイッチを入れる必要がなかったため、小型のスプーンで挑戦。結果、入れ食い！ 現地の子どもたちや船頭さんには申し訳ないけど、彼らよりよっぽどたくさんゲットしました。正真正銘の一投一匹。まぁ、スイッチを入れ続けてくれた子どもたちの協力のお陰なのですが、昨日の貧果はナイショで、これが当然のように振る舞う私でした。

結局、ゲットしたピラニアの仲間は、ブラックピラニア、イエローピラニア、いまだ和名のないピラニア(写真⑤)の3種類、それに水槽では見たこともないほど美しいビッグアイカラシンやエロンガータハチェットなどなど。

皆さまもアマゾンに行く機会をつくって、ぜひ「ナブラ音で寄せて、遊泳音で食わせる」を実践してみてください。日本のバス釣りよりも、ダイレクトな

⑤ 和名がないピラニア

反応が得られること請け合いです。くれぐれも、"予想と期待は違う"なんてことはマネしないでください。

ちなみに、ピラニアは怖くないような結論になっていますが、鋭くとがった歯は正に凶器なので、取り扱いには十分に気をつけてくださいね。もう一点！ ここだけの話、釣果全体としては結局ルアーよりもエサが一番釣れました……m(_ _)m。

#03
水族館の周辺生物情報で釣りをランクアップ
干潟の生物環境から考える東京湾のスズキ

担当生物：イリエワニほか
釣歴：40年
釣りジャンル：自作スプーンを使ったニジマス釣り
ホームグラウンド：芦ノ湖
釣りの夢：世界一周釣り行脚

佐藤　薫
東京都恩賜上野動物園

干潟は生きものの宝庫

　東京都葛西臨海水族園（以下、水族園）は東京湾の一番奥、荒川と旧江戸川の河口に挟まれた位置にあります。近くには、他に隅田川や多摩川といった川があります。水族園のすぐ目の前の葛西海浜公園には、西なぎさという人工的に造成された砂浜があり、干潮時には遠浅の干潟が出現します（写真①）。人工の干潟ですが、完成してから年月が経過するにつれて、今ではコメツキガニやヤマトオサガニやマテガイなど、いろいろな生きものが定住しています。

　一般に、大規模河川の河口などに広がる干潟は二枚貝や底生生物たちが生息していて、海水の浄化作用があると言われています。また、小さな生きものの宝庫なので、それらをエサとする魚の稚魚（赤ちゃん）たちの成育場所になっています。しかも、干潟という遠浅の環境は、稚魚たちの外敵である大型魚の侵入を困難にします。さらに、潮の満ち引きや天候で水温や塩分濃度がめまぐるしく変化しますから、そうした環境変化に適応できる魚でないと入りこむのは困難です。

東京湾のスズキ

　東京湾のスズキのルアー釣りはとても人気があり、水族園近くの港湾部や運河、河口や干潟周辺もスズキ釣りの人気スポットになっています。時期によっては川の河口からかなり上流もスズキを狙うことができます。たくさんある好ポイントへのアクセスはよく、ベストシーズンにはどこに行こうか迷うほどです。

　ここで、一般的に知られている東京湾のスズキの生態について、大まかに紹介してみます。春になると、産卵を終えた個体や深場で越冬していた個体がエサを求めて湾奥へ移動します。夏のスズキはエサの多い湾奥や河口付近で過ごします。中にはエサを求め、川を遡上（そじょう）する個体もいます。秋になると、川を遡上していた個体が海に降り、湾

① 葛西臨海水族園の前にある西なぎさ

② 西なぎさでの地引き網調査（右は著者）と採集された生きものを展示する水槽

奥や河口付近にいる群と合流します。秋が深まるにつれ成魚たちは、東京湾のスズキの主産卵場となる湾口部へ移動し、冬になると湾口部で産卵します。また、産卵に参加しない個体は、そのまま深場へ移動して越冬します。このように東京湾のスズキは同湾内が生活の場であり、湾内を回遊しているのです。産卵や深場への回遊を除けば、スズキの移動回遊にはエサとなる生きものが大きくかかわっていると思われます。

スズキは塩分濃度の変化に柔軟に対応できる広塩性の魚です。また、スズキは典型的な肉食魚なので、稚魚や小魚が多い河口やその周辺の干潟にエサを求めて回遊してくるのです。ですから、東京湾奥に位置する水族園周辺はスズキたちのエサ場であり、釣りには絶好のポイントなのです。

生物情報を知ろう

釣りの楽しみの一つには想像力が要求されるところがあって、釣りが上手な人は狙うポイントにルアーを通し、どこで、どのタイミングで食わせるかということを常に考えていたりします。こうした釣りの技術を磨くことも大切なのですが、ターゲットの魚が、どこで、どんなものを食べているのかを知ることはとても重要です。あまり見ることの機会がない釣り魚たちのエサ生物を知れば、たとえばルアーアクションをイメージするのに役立ちます。どんな釣りにおいても、対象魚のエサとなっている生きものの大きさ、形、色を合わせるのは基本中の基本だと思います。さらに、エサとなっている生きものの出現は、季節的な変動があります。出現する時期や量などを知っていると、回遊する魚の動向を推測することができます。

実際、東京湾奥のスズキがエサを捕食しているところを間近に見る機会はほとんどないかもしれません。例外として、ゴカイ類の産卵の時期、いわゆるバチ抜けの時期にタイミングが合えばスズキが乱舞しているシーンを目視することができるかもしれません。スズキをはじめ、魚たちのエサの種類を知るには、彼らの胃の中を調べるのがよいでしょう。しかし、信頼度を上げるためには数百尾を継続して調査する必要があるので、簡単ではないのです。これに対して、環境中の生きものを知っておけば、釣り対象種のおおよそのエサが推定できます。かといって、一般の釣り人が、生きものの調査を行おうとしたら、莫大な労力が必要なので、とても無理です。なんとか知る手だてはないものでしょうか？　もし、それを水族園が行っているとしたら、これを活用しない手はありません。

水族園では東京都から特別採捕の許可をいただき、毎月、地引網を使って干潟の生きもの調査を行っています。この調査で採集された生きものたちは水族園の水槽で展示されます。ですから、水槽を見ると、リアルタイムで水族園周辺にどんな生きものがいるのかが一目でわかります（写真②）。こうした水槽が設置してある東京の海エリアコーナーは、自然光が入るようになっているので、天候や時間によるエサ生物の行動パターンの変化も観察できます。そして、展示されている生きものの行動をじっくり観察することができるのは水族園ならではの特権です。しかも、水族園では調査結果や水温、塩分濃度などの情報までも入手できるのです。

	1月	2月	3月	4月	5月	6月	7月	8月	9月	10月	11月	12月
アユ												
イシガレイ												
カタクチイワシ												
コノシロ												
サッパ												
スズキ												
ボラ												
マハゼ												
その他ハゼ類												
イサザアミ												

平均採集数　0　　1〜　　21〜　　101〜　　300〜　　1000〜

表1　西なぎさにおけるおもな生物出現状況（葛西臨海公園周辺環境調査資料集より改変）

生きものの季節変動

　西なぎさでの地曳網による生きものの採集調査から、水族園周辺のスズキのエサについて考えてみましょう。過去10年分（1999〜2008年）の調査結果をまとめた資料によると、アユ、サッパ、マハゼ、ハゼ類などの魚や、ニホンイサザアミが多く、これらがスズキのおもなエサとなっていると考えられます。また、結果には出てきませんが、エビやカニなどの甲殻類、ゴカイ類など、水族園周辺でたくさん見られます。ですから、これらも重要なエサになっていると思われます。

　さらに、ここに紹介した生きものには、季節的な変動があるので、出現する時期や量など知っていると、スズキ釣りの動向を推測することができます。東京湾奥のスズキの代表的なエサとなっていると考えられるアユ、イシガレイ、カタクチイワシ、サッパ、ボラ、マハゼの季節変化について解説しましょう（表1）。

　アユ：秋になると姿を見せ始め、4〜5月になると、たくさん網に入るようになります。その後、川を遡上していきます。

　イシガレイ：春に小さな稚魚がたくさん採れます。

　カタクチイワシ：意外なことに、西なぎさではあまり採れませんが、夏を中心に、少し沖にはたくさんいます。浅い場所には入りこまないようです。

　サッパ：夏から秋にかけて多く網に入ります。

　スズキ：春に稚魚がたくさん採れます。

　ボラ：年明けごろから稚仔魚が見られます。その後、夏になって成長すると地曳網にはほとんど入らなくなります。まったくいなくなってしまうわけではなくて、視力がよいらしく、網が近づくと水面をジャンプしたりして網をかわして逃げていくのです。ただし、そのころ、干潮から潮が満ちる時間に波打ち際に行くと、ものすごい数のボラの幼魚を見ることができます。ボラは水族園周辺では一年を通じていろいろなサイズのものが見られるので、スズキのよいエサになっていると思われます。

　マハゼ：4〜7月にかけて稚魚がたくさんいます。その後、成長すると干潟から移動するようです。

　その他ハゼ類：一年中、見られますが、特に、3〜8月にかけて多く見られます。

　ニホンイサザアミ：一年中、見られますが、特に、産卵からもどった春先のスズキのエサになっているようです。

　以上、スズキのおもなエサとなっているであろう生物の量は、季節によって変わることを紹介させていただきました。

情報の応用

　ほかにも地曳網の調査結果が釣りのヒントになることがあります。たとえば、エサとなる生

③ 地曳網に入ったスズキなどの稚魚

物の存在によって釣りのポイントの良否も予想できるようになります。初夏になると、西なぎさで見られる魚のうち遊泳力のある魚は川を遡上します。アユ、スズキ、ボラなどです。スズキにはボラなどと一緒に回遊する個体がいて、夏は川の河口からかなり上流で遡上してきた大型スズキを狙うことができます。川でスズキを狙う場合、まず、ボラの存在を確かめるようにしています。ボラの気配がないところでは、釣果が思わしくないことが多いからです。さらに、あらかじめ春の調査でボラの採集量を把握しておけば、夏に河川に遡上するスズキの量もだいたい予想できます。

余談ですが、西なぎさ一帯では、春になるとスズキの稚魚が捕れます（写真③）。スズキの稚魚が大量に捕れることがあれば、それらは卓越年級群（たくえつねんきゅうぐん）の可能性があります。その後、何年にもわたって、私たち釣り人を楽しませてくれるのです。逆に、スズキの稚魚が捕れなくなったら危険信号です。

なお、葛西海浜公園前の西なぎさでの地曳網による採集調査は、水族園が発行している『Sea Life News』という情報誌にも、おおまかな結果が記載されています。過去の調査の状況については、水族園ホームページの「なぎさNEWS」のバックナンバーをダウンロードして調べることができます。

水族館を活用しよう！

釣りの楽しみって何でしょう？ 大物を釣ること？ たくさん釣ること？ 両方？ 人によってさまざまでしょう。釣りに出かける前に、いろんな情報を入手して、自分なりに考えてあれこれ試行錯誤し、思い通りのポイントで、狙い通りに釣れたなら、これ以上の喜びはありません。「狙って釣れた！」というようになると、ますます釣りにのめりこむことになるかもしれません。

今はインターネットで簡単に情報が手に入ります。ただし、情報を手に入れただけで、釣果に結びつくとは限りません。信頼性の高い情報は、何年にもわたるデータを積み重ねることではないでしょうか。各地の水族館には生きものの展示水槽だけでなく、情報コーナーを設けてあることがあります。場合によっては、情報資料室があり、文献資料や動画を見ることができるほか、発行している情報誌などを入手することができます（写真④）。

ねばり強く、一歩進んだ釣り人になるために、東京都葛西臨海水族園をはじめとして、各地の水族館が役に立つと思います。常駐のスタッフがいるので、生きものについてわからないことがあれば質問することができます。もちろん、水族館職員の中には釣りが好きでこの道に進んだ人も多いので、見かけたら声をかけてみましょう。長靴をはいていたり、バケツを持っているので、すぐに見つかります。

自分が気になる魚や生きものを見たいとき、あるいは、どこの水族館にいるのかわからないとき、日本動物園水族館協会のホームページで検索することができます。日本各地にある水族館は、近くの海、河川や湖沼などで生物調査を行い、採集された生きものを展示し、情報提供していることが多いのです。あなたが釣りに行こうとしている場所の近くに水族館があったら、ぜひ訪れてみることをお勧めします。皆さまのご来園をお待ちしています。

④ 葛西臨海水族園の情報資料室

オウサマペンギンの羽でフライ

梶　明広（島根県立しまね海洋館アクアス）

「オウサマペンギンの抜け落ちた換羽があるけど何かに使えませんかね？」とペンギン飼育担当者と釣り雑談。数十枚もらうことになりました。しかし、違和感が。ペンギンには黄色い羽があると思っていたのですが、いただいた羽は黒か白いものばかりです。じつは、それが普通だそうです。ペンギンの黄色い羽は、全体が黄色ではなくて、エッジ部分が黄色いだけで、それが重なり合って黄色く見えるということです。ちょっと驚きでした。私はフライフィッシングをするくせに、鳥にはあまり感心が無かったりします。

いよいよ加工。またまた違和感が。鳥の羽や動物の毛で作るフライフックは、それらをフライフックに巻くイメージだったのです。ところが、ペンギン類の羽は普通の鳥の羽とちがって、センターの芯の部分がとても広くなっていたので、柔軟性はありません。そこで発想の転換です。硬くて丈夫なことと、水切れの良さを考えて、ボディ素材として使用を考えました。

フックシャンクにそって6角形もしくは5角形状に巻き止めると、立体的で、しかも外圧で潰れないボディーが作れました。ほかの素材と違って軽いし、水切れが良いので、吸水性の少ない人工繊維素材をプラスすると、キャスティング時のピックアップが楽に行えるのです。

世界初!?　ペンギンフライの完成で、いよいよ実釣。シイラ釣行では大活躍し、1メートル以上の大型を釣り上げることができたのです。しかも、思ったより丈夫でした。普通に作ったデシーバー類（フライの種類）では2、3尾でボロボロになるのですが、このペンギンフライは倍以上の魚に耐えてくれたのです。職業柄たまたま手に入った材料なので一般の方は作る事はできません。

ペンギンの羽を使ったフライと実釣でゲットしたシイラ

注）生物の種類によっては法で保護されています。それらの中には体毛、骨、羽等の体の一部での加工品も規制されている場合があります。

陸を好む魚、トビハゼ

濱崎　佐和子（広島大学大学院生物圏科学研究科）

　トビハゼは、関東から沖縄の干潟に生息している両生魚で、陸上を好みます。仲間としては、有明海のムツゴロウを筆頭に、ミナミトビハゼ、トカゲハゼがいて、これらはマッドスキッパーと呼ばれています。

　トビハゼは胸ビレの付け根の筋が発達していて、それをあたかも手足のように使うことで陸上を動き回ります。繁殖期は6～8月で、求愛行動も陸上で行います。オスがお目当てのメスを前にすると、胸ビレで体を持ち上げ、背ビレを広げて求愛のポーズを披露します。恋の季節に運悪くオス同士が接近してしまうと、再び背ビレを立てて、頭部（エラぶた）を大きく膨らまし、互いに威嚇し合います。噛み付き合うような乱闘も頻発するほどです。

　潮が満ちてくると、まるで水から逃げるように岩場や岸壁にへばりつきます。岩場だけでなく、垂直護岸でもくっつくことができるのは、左右の腹ビレが合体することで吸盤として機能しているからです。トビハゼは陸上生活に対応できるだけでなく、塩濃度の変化に対応できるという特徴も持っています。彼らの棲んでいる干潟は、川と海の水が入り混じる汽水環境を作り出すからです。

　トビハゼにとって重要なのが呼吸です。魚のほとんどがエラ呼吸ですが、トビハゼは皮膚呼吸も行っています。陸上にいるトビハゼが摂取する酸素の約76％が皮膚呼吸に由来します。皮膚呼吸を行うためには、いつも皮膚表面が湿っていなければいけません。陸上のトビハゼをしばらく観察していると、皮膚の湿り気を保つために、時折、体を濡れた地面にこすりつけています。また、眼の乾燥を防ぐために、眼を眼窩に引き込むこともあり、それはまるでウインクしているかのようです。

　最近では、その持ち前の可愛らしさから、マッドスキッパーたちが観賞魚として飼われるようになりました。トビハゼの飼育水槽に発泡スチロールで陸地を作ると、頻繁に"上陸"します。エサをやり続けていると人に慣れ、水槽に近づくだけで寄ってきます。ペットショップで売られているマッドスキッパーの多くは5～6センチ、大きくても10センチくらいのアフリカあるいは東南アジア産のものですが、ごく稀に手のひらほどの大きさのマッドスキッパーを目にすることもあります。東南アジア産のジャイアントマッドスキッパーで、最大のものは30センチに達します。彼らは肉食性で、大きなウロコと鋭い歯を持っていて、可愛らしいトビハゼのイメージからはかけ離れています。

　トビハゼは、その独特の生態から研究のモデル生物になっています。また、多種多様な生物がいる干潟のシンボルです。野生のトビハゼは日に日にその数を減らしています。河口域の大規模工事による干潟の減少は彼らの生活の場を奪うことになります。干潟の環境保全に努め、彼らの住み処をこれ以上奪わないようにしていきたいものです。

頭部を膨らませ（左）、背ビレを立てて威嚇し合う（右）

#04
深海魚、キンメダイの秘密！
輝く眼、垂直移動、向こうアワセ

担当生物：深海生物、アオリイカ、ジンベエザメなど
釣歴：33年
釣りジャンル：バスフィッシング、アカメなどルアー全般
ホームグラウンド：琵琶湖、河口湖、四万十川
釣りの夢：ビッグフィッシュ!!

重 秀和
横浜・八景島シーパラダイス

深海とキンメダイ

　私が勤務している横浜・八景島シーパラダイスは東京湾に面しています。そんな都会の地先でも、四季を通していろいろな生きものを見ることができます。夏は死滅回遊魚や流れ藻についているシイラの稚魚、冬はカブトクラゲやウリクラゲなども見ることができます。水族館がある八景島の前は横浜で唯一の干潟が残っていて、アマモの群生も確認されています。「海のゆりかご」とも言われるアマモ場は多くの生きものの産卵場になっています。春から初夏にかけてアオリイカやシリヤケイカも産卵にやってきます。近くの柴漁港は、筒漁で捕るマアナゴ漁が有名です。浅瀬から沖まで、生物相に富んだ海が広がっているのです。

　八景島内での釣りは禁止ですが、周辺の岸壁は、メジナ、マゴチ、スズキ、ハマチ釣りの人気スポットになっています。横浜・八景島シーパラダイスには「アクアミュージアム」「ドルフィンファンタジー」「ふれあいラグーン」「うみファーム」という4つの水族館があり、各館のコンセプトに合わせた展示をしています。「うみファーム」のオーシャンラボでは、海の上に浮かぶデッキから釣り魚の自然な姿を観察することもできます。クロダイがイガイを食べているところや、スズキが群泳しているシーンが見られるのです。近くに海釣り公園や遊漁船を営む船宿も多いので、釣り好きの方は水族館とセットでご利用ください。

　ところで、最近、ちょっとした深海ブームですね。深海というのは200メートルより深い海のことを言いますが、世界の海の93％は深海になってしまいます。もう少し話を大きくすると、地球表面の70％は海ですから、地球の最大の生物圏は深海ということになりますね。とはいっても深海は暗くて冷たい過酷な環境です。エサも少ないので、多くの深海生物たちは少ないエネルギーで効率よく生活しているのです。簡単に言うなら"少しのエサを食べて、じっとしている"生きものが多いのです。このような生きものは水族館の展示生物としてはあまり人気がありません。しかもサンゴ礁で暮らすカラフルな魚たちとは違い、少しグロテスクで地味な魚が多いのです。

　私が紹介する魚も深海魚ですが、ご心配なく。キンメダイです。釣り人にも人気ですが、美味なことからグルメ派にも支持されています。しかも漁獲量が少ないので産地によってはブランド扱いされている高級魚です。そんなキンメダイは水族館の展

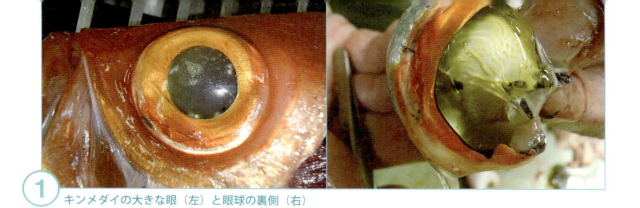

① キンメダイの大きな眼（左）と眼球の裏側（右）

示生物としても大変貴重で、アクアミュージアム３階の「海のいきものたちのくらし」にある深海ゾーンで展示しています。体が真っ赤で、胸ビレを羽ばたかすように泳ぎ回ってくれるキンメダイは、地味でグロテスクな深海魚の中で異彩を放っています。深海ゾーンは私の担当で、自ら釣りで採集してきたキンメダイもいるので思い入れのある展示スペースなのです。

輝く眼の秘密

水族館の魚の多くは漁師さんにオーダーして収集します。しかし、キンメダイが生息しているような深海となると入手手段は限られています。例外としてムツがいます。キンメダイと同じように深海魚の仲間ですが、ムツの若齢魚は浅瀬で生活します。水族館でムツを展示する場合、浅瀬の定置網にかかった小型のムツを採集し、展示サイズになるまで飼育すればいいのです。ところが、キンメダイは浅くても180メートルくらいまでしか上がって来てくれないのです。しかも、深海に棲むキンメダイは刺し網や引き網でも漁獲されることがほとんどありません。その理由はよくわかりませんが、キンメダイたちは眼が良くて、すばやく危険を察知しているのかもしれません。

眼というのは光を受けとる器官で、光情報が物の形や色に変えられるのです。要するに、視覚の情報を多く集めるためには光を効率よく受けとることが大切です。その点、キンメダイの大きな眼はキラリと輝いていることに気づきます。この眼の輝きは眼球内にある反射板（タペータム）によるもので、薄明環境下でも光を有効利用するための深海魚の特徴なのです（写真①）。普通、眼に入った光は色素上皮細胞層で吸収されてしまうのですが、この反射板があると光を再び光受容細胞にもどす仕組みになっているのです。大きなパラボラアンテナのような反射板で、光情報をリサイクルすることで、集光性を約1.5倍に高めているのです。

なぜ、釣りなのか？

魚屋さんのキンメダイはどうやって漁獲されているかご存知ですか？ 実は、専門の漁師さんが釣っているのです。また、幸いにもキンメダイ釣りは、漁業も遊漁も確立されています。実際、私たちは釣り船をチャーターして、釣りによる採集を行っています。専門に狙う漁師さんにお願いして収集することもありますが、高値で取引されている魚なので、漁師さんに無理を言って協力いただくのも恐縮します。

釣り上げたキンメダイを健全な状態で搬入するには、水圧、水温、明暗、感染症などなどクリアーすべき課題があります。水圧変化は最大のネックです。水温にしても深海は通年安定して低水温ですから表層水温が下がる冬期にしか採集をすることができません。明暗が生死に関係するの？と思われるかもしれませんね。光のほぼ届かないところで生活をしていた魚が太陽光を浴びると、眼球の水晶体が焼けてしまうことがあるのです。魚は細菌感染を防ぐため体表が粘膜に被われていますが、網ズレで感染症を引き起こして死んでしまうこともあります。

キンメダイに限らず、釣り採集は魚に与える傷を最小限にできる合理的な方法です。ただで

さえ海から水族館へ運ばれた魚はストレスを受けています。飼育するとなるとエサを食べてもらわなければなりません。ストレスを少しでも軽減するためには、より健全なコンディションで魚を搬入して、飼育環境を整えてあげることがとても大切なのです。

地味さとは裏腹に、搬入から飼育まで大変なのが深海魚なのです。このような問題をすべてクリアーして、水族館で元気な姿を見せてくれているのがキンメダイです。

垂直移動の秘密

実際の釣り採集は、チャーターした釣り船に職員3～6名が乗船して実施します。仕事で釣り?!と思われるかもしれませんが、これが大変です。魚に手で触れることなく、そっと釣り針を外して外傷を防ぐなど、取り扱いが大変です。特に、キンメダイにとって眼の傷は致命的で、治癒することはありません。眼球が傷つくことの無いように、海水の入ったバケツでイケスまで持って行きます。もっと苦痛なのは、高級魚キンメダイが入れ食いだったとしても、量より質を優先するため採集尾数が制限されるのです。

タックルはキンメダイを狙う標準的なもので、電動リールを使用しています。仕掛けは一般的な胴突き仕掛けの8本針を使用します。基本的には、遊漁船でやっている釣りと同じなのですが、目的が違います。遊漁では多くの魚を効率よく釣ることが優先されますから、すばやく仕掛けを投入・回収することを心がけます。ところが、私たちのキンメダイ釣りは、より健全な状態で深海から船上へ釣り上げることが最優先となります。たとえ1尾しか掛かっていなくても、針スレや水圧ダメージを考慮して、深場から時間をかけてゆっくり巻き上げます。

ところで、深海から上がってきた魚は、水圧の変化でうきぶくろや眼球が飛び出しています。ゆっくり浮上させても水圧変化に対応できず、生きたまま水面に上げることすらできない深海魚がほとんどなのです。一方キンメダイは運がよい深海魚です。キンメダイのうきぶくろは食道とつながっていて、ガス抜きができるので、深海からの水圧変化に耐えることができるのです（写真②）。

このようなキンメダイの特性は、自然界でも役立っていることでしょう。たとえば、水深800メートル（1平方センチあたりに82.4キロの水圧）から200メートル（1平方センチあたりに20.6キロの水圧）までをいとも簡単に移動していると考えられます。実際キンメダイを釣りに行くと、船頭さんが指示するタナが急に100メートル程変わることがありますね。これはキンメダイの群れが鉛直移動していると思われます。

向こうアワセの秘密

無事、船上まで釣り上げることができたキンメダイはイケスへ収容します。キンメダイの眼の日焼け対策として、イケスはすぐにシートで遮光します。イケスの水温は15℃近くに設定しています。これは、キンメダイを餌付けする際、もっとも最適な水温だからです。ちなみにこの15℃というのは深海生物にとっては高めの水温で、普通、深海生物は水深200～400メートルの水温を想定して10℃前後で飼育しているのです。よくわかっていませんが、キンメダイやアンコウなどは、なぜか15℃が高活性になる水温帯のようです。もしかしたら深海魚たちの活性には、水温と水深が関係しているのかもしれません。

飼育水温も特殊なキンメダイですが、餌付けも特殊で、当館では強制給餌という方法でエサを与えます。水槽に搬入したキンメダイは落ち着きを失って泳ぎまわるものや、体力消耗のために底に着底しているものなどいろいろですが、1～2日するとアクリルガラスを意識して遊泳するようになります。当然、この時点ではエサを食べません。深海魚なので半月くらいエサを食べなくても平気です。搬入して2週間くらいで、普通の魚と同じような投餌を試します。ほかの多くの魚は水温、水流、明暗などを試行錯誤して餌付け

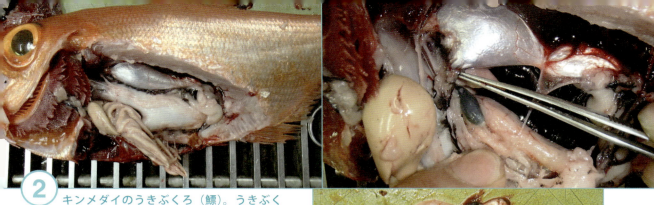

②キンメダイのうきぶくろ（鰾）。うきぶくろは食道につながっているため、水圧変化に対応できる。水圧は1平方センチにあたりの海水の重さ（1.03 g）。
たとえば、水深100mなら10000 × 1.03 = 10300 g =10.3kg

します。ところが、キンメダイの多くはエサを食べようとしません。そこで強制給餌へ切り替えます。

　強制給餌は衰弱して自ら摂餌することが出来なくなった生き物に栄養補給する一つの手段です。しかしリスクがともないます。魚の場合、体を保定するので体表の粘膜が剥がれてしまい、そこから感染症になることもあります。ハンドリングのストレスや消化不良が致命傷になることさえあります。しかし、キンメダイはこれまでの実績でいうと強制給餌がもっとも長期飼育につながる方法なのです。

　キンメダイの強制給餌は2人の飼育員で行います。1人がラバーネットの中に追い込み、ビニール手袋をした1人がラバーネットの中にいるキンメダイを保定して、キビナゴを口からのどに差し込むのです。体を触られ、しかも自由を奪われた状況で、無理やりキビナゴを突っ込まれるわけですから、キンメダイもたまりません。ものすごいストレスを受けているでしょう。実際、こうした強制給餌をほかの魚でも試しますが、エサがのどに詰まるなど、失敗することが多いのです。ところが、キンメダイはエサを飲み込む確率が高く、しかも強制給餌を定期的に続けていくと投餌したエサでも食べるようになるのです。

　なぜ、キンメダイはエサを飲み込む確率が高いのでしょうか。考えられるのは、エサの少ない深海で確実に捕食が成立するようなのどの構造になっている。もしくは、のどの奥にも味を感じる味蕾が発達して、その刺激が飲み込みを促しているからではないでしょうか。もちろん自然界のキンメダイも口にしたエサは吐き出すことは少ないでしょう。実際、キンメダイ釣りでは、数百メートルの水深を狙い、異常なくらい重たいナマリを使います。アタリがリアルタイムで伝わったとしても、瞬時にアワセることなど不可能です。実際、キンメダイ釣りではネムリ型のムツ針を使った向こうアワセの釣りです。実は、釣り人が知らず知らずの間に「確実に飲み込む」というキンメダイの習性を利用したとても効率的な釣りなのかもしれません。

#05 長竿&本流で狙う渓流魚
大物はニオイに敏感で居食いが基本

担当生物：飼育生物全般
釣歴：43年
釣りジャンル：渓流、鮎釣り
ホームグラウンド：桂川
釣りの夢：80センチオーバーのサクラマス

中井　武
京急油壺マリンパーク
（2021年9月30日閉館）

大物との出会い

　私が紹介するのは渓流釣りです。ターゲットは渓流魚と言われる魚で、ヤマメ、アマゴ、サケ、ニジマスなどです（写真①）。渓流釣りにもいろいろな釣り方があります。疑似毛針を使った釣りでは、日本古来のテンカラ釣り、英国から来たフライフィッシングがあります。さらに、若者に人気のルアーフィッシングやエサ釣りもあります。渓流魚を釣るという目的は同じですが、道具が違うとまったく違う釣りになるのが渓流釣りの不思議なところです。

　私が夢中になっているのはエサ釣りです。渓流釣りを始めたころは、山に入り20センチ前後のヤマメやイワナを釣って楽しんでいました。ところが、新潟県魚野川に釣りに行ったときのことです。魚信があってアワセると、今までに感じたことのない手応えが伝わってきたのです。どうにか竿をためて耐えていましたが、とうとうラインが切れてしまいました。いつもの細いライン（0.3号）を使っていたのが原因でしょうが、こんな経験は初めて……。その場で棒立ちになりました。

　帰りの道中、バラした魚のことが頭から離れず、あの大物と勝負して、リベンジしたい！と思うのは釣り人の性です。時間があれば、釣果情報を集めて、休みの度に釣り場に通うようになりました。まだ見ぬ大物に夢を膨らませて、大きな川での本流釣りにのめり込んでいったのです。

シンプルな長竿釣法

　私が追いかけているのは大物

① 利根川マス（利根川産サクラマス：ヤマメの降海型）[左] とアマゴ（桂川にて）[右]

② 豪快な長竿本流釣り風景

渓流魚ですが、寝食を忘れるほどのめり込んでいる理由はその釣法にもあります。9メートルの長竿とラインが基本の本流釣り。リールは使いません。仕掛けは、ラインに釣り針を結び、流れに応じた小さなオモリとアタリを感じるための目印を途中に付けるだけのものです。

そんなシンプルな仕掛けで狙っているのは、尺ヤマメとよばれる30センチを超える魚です。渓流釣りをやる人にとって、尺を超える魚を釣ることが一つの目標で、その魚を釣るのに、一番、可能性が高いのが川の本流域になります。本流域は支流に比べると川幅も広く、水深、水量ともにあります。そのため魚の数も多く、なによりエサが豊富なので魚が大きく育ちます。必然的に、水量が多いところで、そんな魚が掛かれば引き味は強烈、しかも、長竿で魚との一本勝負。想像するだけ楽しくなります（写真②）。

水族館でわかるクセ

水族館で毎日、展示している魚を観察していて、気づかされることの一つに、魚は大きくなればなるほどエサへのアプローチが遅いということがあります。もちろん、あくまで水槽の中での話です。飼い慣らせている魚には敵（捕食者）はいません。しかも、必ずエサにありつけます。警戒心もなく、エサに対する執着心がなくなれば、エサへの反応が鈍くなることもあるでしょう。しかし、大小の魚が混泳している水槽にエサをまくと、小型魚の方が俊敏で、最初に食べに来るのです。この反応の違いを渓流魚に置き換えた場合、先に小型魚がエサに食いつくことになります。私の追い求めている大型ヤマメはなかなか釣れないわけです。しかも、大物は絶対数が少ないのです。

同じく飼育経験から言えることですが、水槽内にただエサを投げ入れるだけでは食べてくれない魚がいます。決まったところや、目の前にエサを運んでやらないと食べてはくれないのです。まるでこだわりを持っているかのようにエサを食べるポジションを記憶しています。エサを待ち伏せて食べるタイプの魚なら、定位しているポイントの近くがエサ場となっていると思います。また、自然界で生き抜くために、魚たちは年齢を増すごとに警戒心が強くなるので、近くの確実なエサだけを捕食するはずです。リスクを背負ってまで、遠くの不確実なエサを狙いません。それは大型ヤマメも同じです。長い間、エサにありつけていない大型ヤマメでない限り、定位しているポイントから移動してエサを食べる可能性は低いと言えるでしょう。

大型ヤマメへのコンタクト

待ち伏せ型でエサを食べる大型ヤマメを効率よく釣る方法を考えてみましょう。まずは、川の中のポイント。通常、大型ヤマメは本流域の流れの落ち込みあたりに定位しています。ただし、落ち込み付近はもっとも水流が強く、押しも強いので、大型ヤマメは落ち込みより少し下がった位置を好むようです。ですから、釣りでは、大型ヤマメの潜んでいる落ち込みより少し下がったポイントにエサを運ぶことが大切です（写真③）。

次に仕掛けです。一般に渓流釣りはラインを細くしてオモリを軽くした方が良いと言われています。しかし、ラインを細くすると大型ヤマメには対処できませんし、オモリが軽ければ流れに負けて思うようにポイントを狙えません。私はライン1.5～2号を使い、オモリも大き

③ 大物が潜む本流の落ち込みがある堰

④ ヤマメの主食であるクロカワムシ（通称クロンボ）

い部類のものを3個くらい付けています。水深が1メートル前後の流れが強いポイントでは、ゆっくりとエサを流すために重めにします。水深が深い場合には、底の流れの強さでオモリを調整しますが、深場は表層と底の流れの速さが違うことがあるので、オモリの選定には注意が必要です。また、大型ヤマメが定位するポイントも、流れの強さに応じて落ち込みの下流側に少しずつ移動することがあります。大型ヤマメを釣るためには、潜むポイントを見定め、適切な仕掛けでアプローチすることが大切なのです。

エサ選びと本流釣り師

大型ヤマメを狙う上で、大事なファクターの一つにエサの選択があります。私は、基本的にどこの河川に行ってもヤマメの主食となっている川虫を使います（写真④）。川虫は現地調達するので手間はかかりますが、お小遣いの少ない私にとってはありがたい味方です。自然から採集した生きものをエサにする際、この魚はいつも何を食べているのか？　どのような時に食べるのか？など、考えさせられることが多いのです。フライフィッシャーたちの中には、獲物の胃の内容物を観察することで、ヒットした毛針と照合し、次回の毛針選択の目安とする人もいます。このように、きちんとエサと向きあうことが釣果アップの近道であり、渓流釣りの楽しみだと思います。

ちなみに私は、"渓流釣りの愛好家の中でも本流釣り師は正直でおおらかな人が多い"と信じています。近くの釣り人に「(エサは)何で釣れましたか？」と聞くと、すぐに「クロンボ(川虫)だよ！」と教えてくれるのです。そんな釣り師と釣りが楽しめるのも嬉しいかぎりです。

ニオイも大切

私がサケを釣っている時に、赤いタコベイト（小型のタコ型ルアー）だけだと食いが悪かったので、サンマの切り身を付けてみました。すると、とたんに良く釣れるようになりました。これは、魚たちが視覚だけではなく、ニオイ（嗅覚）や味（味覚）も使って摂餌に至っているからです。ルアーや毛針釣りがある渓流釣りは、視覚ばかりをたよりにエサを探しているイメージがあるかもしれません。でも、じつはニオイや味も使っています。そんなエピソードをいくつか紹介します。

後輩と釣りに行った時のことです。大きな淵をのぞき込むと、なんとヤマメが釣り堀の池のように沢山いたのです。すぐに二人とも仕掛けをいれました。すると私は5連続ヒット。ところが、隣の後輩はまったく反応なしです。仕掛けも同じで、エサもイクラです。違うのは腕くらいかな……と喜んでいたら、後輩がエサのイクラの交換を申し出たのです。よく見たら、彼のイクラは○×社のビン詰めで、私のは魚屋さんで購入した新鮮なイクラだったのです。後はご想像どおり。後輩がエサを換えたとたん、入れポン。

ダムの流れ込みでテンポよく釣っている人がいました。私もその釣り人と同じように流してみました。しかし、まったく釣れません。理由を探ろうと、その釣り人をよく見ていると、水

中にコマセのようなものを流していました。声をかけて、その正体を見せてもらうと、海釣りでよく使うオキアミでした。私は25年間も渓流釣りをやっていますが、初めて見た釣法です。水族館でもオキアミはよく使うエサで、海水魚はもちろんのこと、淡水魚にも与えています。釣りでは、本当に困った時の切り札的役割をしてくれるのかもしれません。意外とありなのかも！と納得してしまいました。

このように大型ヤマメには視覚と同様にニオイもエサの重要なファクターです。なので、本流釣りでは、何時間も同じポイントで粘り、仕掛けを流す位置を少しずつ変えながら大型魚の鼻先にエサを運び、彼らの嗅覚を刺激するのです。その結果、年々釣果とサイズがアップするようになりました。

本流釣りの魅力

広い川の淵に立ち、いつヒットするかわからない大物のアタリを待つ。突然その瞬間が……。目印が止まるそのわずかな異変を感じとり、竿を軽く上げアワせる。全身全霊、一直線に流心に向かい針を外そうとする魚。その勢いを止めるため、延竿の弾力を最大限に生かして堪える。竿から伝わる手応えと水面からの糸鳴りが、アドレナリンを全開にさせ、興奮は最高潮を迎える。一回目の突進時に竿を上竿で寝かせ、タメをつくりながら耐えしのぐ。冷静さを徐々に取りもどしてくる自分。それでも、魚は力強く泳ぎ、頭を左右に振りならが必死に針を外そうとする……。こうした魚とのファイト、これこそが本流釣りの魅力です。

魚とのファイトで師匠から教わったことは「魚に強いテンションをかけるな」です。少しでも早く魚を寄せようと強引に竿を操ると、逆に、魚が逃げようとして暴れるからです。竿の弾力を使って魚をあしらえば、あとは魚との根比べになります。大物がヒットしてパニックに陥ることがありますが、度胸を養うのは、経験に勝るものはないのです。

魚との根比べを楽しんでいるうちに、やがて魚をタモ網ですくうときがきます。慣れていない釣り人は、早い段階でタモ網を手に持ちたがりますが、竿を片手で持つことになるので、竿がのされやすくなります。魚が近くに寄ってきたとしても、タモ網を入れた瞬間、魚が急に泳ぎだすこともよくあります。大型ヤマメの取り込みは、十分魚に空気を吸わせてからフィニッシュしてください。その瞬間だけは釣り人は誰でも同じように、安堵感と達成感で満面の笑みを浮かべるのです。

師匠と仲間

釣りが上手くなる近道は、良い指導者と出会うことです。そういう意味で私は人間関係にはとても恵まれました。まだ、年間に尺ヤマメを1〜2尾しか釣れなかったころ、師匠の上田隆寿氏と出会い、それからというもの、年間20尾くらいは尺ヤマメが釣れるようになりました。そしてもう一人、公私共々お世話になり、尊敬している方が山形県にいらっしゃいます。クラゲで有名な加茂水族館の村上龍男館長です。村上館長は、この世界では有名な釣り好きです。一緒に釣行させていただいた際は感動の連続でした。日本にまだこんなに綺麗で、たくさん釣れるマル秘ポイントがあるのだ……と。名人たちの知識や技術を身につけることで、釣りの楽しみも倍増します。そんな私も徐々に仲間が増え、一期一会の精神で出会いを大切にしていきたいと思います。

最後に、株式会社京急油壺マリンパークもおかげさまを持ちまして45周年を無事迎えることができました。現在は、地域に密着した展示を心がけており、相模湾の生物を中心に展示を行っています。三浦半島に生息する絶滅危惧種たちの域外保全を目的とした飼育繁殖も行っています。常に、地元の水族館が地域で何ができるのかを考え、お客様と密着したお付き合いをしていけるよう願っています。

ロマンを運んだ「戻りヤマメ」

海野　徹也（広島大学大学院生物圏科学研究科）

　山間部を代表する魚はヤマメかアマゴですね。もともと渓流のイメージが強いヤマメとアマゴもサケの仲間ですから、海まで下るタイプがいます。ヤマメで海に下るものをサクラマス、アマゴで海に下るのをサツキマスと呼んでいます。回遊様式でいうと、川にとどまるタイプを河川残留型、海に下るものを降海型といいます。降海型はサケのように体が銀色になって大型化します。回遊だけではなく、形態がまったく違うヤマメとサクラマス、アマゴとサツキマス、昔はそれぞれ別種と思われていたほど違うのです。

　さて、関東を代表する利根川（本流）は群馬県、埼玉県、茨城県、千葉県を貫流して太平洋に注ぐ、長さ約320キロメートルの大河川です。その利根川を代表する大物が40～50センチもある通称「戻りヤマメ」で、アングラーに大人気です。「戻りヤマメ」という呼び名は、海、もしくは、下流あたりから戻ってきた"ヤマメ"という意味がこめられていると思います。

　では、この戻りヤマメはどこから戻ってきたのでしょうか？　アングラーにも二つの説があります。一つは、海から遡上してきたというサクラマス（降海型）説です。ただし、「戻りヤマメ」が釣れるポイントとして有名なのは前橋市や渋川市で、河口から200キロ以上も上流です。しかも、途中の利根川河口堰、利根大堰、板東大堰を通過してくることが前提です。もう一つの説は、川育ちのサクラマス（陸封型もしくは降湖型）説です。サクラマスは湖（ダム湖）を海に見立てて大型化するタイプがいて、外見上、降海型と見分けにくいのです。利根川は大河川で、しかも堰の上流には灌水域が広がっています。そういった流域を海と勘違いして大型化したサクラマスが戻って来たという可能性です。私たちのロマンとしては、はるばる海から遡上してきてほしいのですが……。

　最近になって「戻りヤマメ」の正体がわかってきました。魚の内耳にある耳石の微量元素を調べることで、海育ちか川育ちかが判別できるからです。少し説明します。耳石を作っているカルシウムや微量元素の8割は環境水から取り込まれています。海水と淡水では微量元素の組成も違いますから、耳石の微量元素を調べれば、海育ちか、川育ちか、もしくは、海と川を往来しているのかがわかるのです。微量元素の中でもストロンチウムは、海で多くて、川で少なくなりますから、回遊パターンを調べるのによく使われます。

　前橋市で釣れた「戻りヤマメ」を調べたところ、ストロンチウムの増減が認められたのです。産まれてしばらくは川にいて、その後、海に降海して戻ってきた証しです。「戻りヤマメ」は河口から200キロも遡上してきた降海型サクラマスだったのです。

　「戻りヤマメ」が分析され正体が明かされたのは、利根川水系を愛するアングラー、フィシングライター、研究者のコラボでした。利根川には魚道を備えた堰がありますが、「戻りヤマメ」を指標に魚道の評価もできます。「戻りヤマメ」や多様な魚を増やすことも夢ではないのです。「戻りヤマメ」は私たちにロマンを運んでくれたのではないでしょうか。

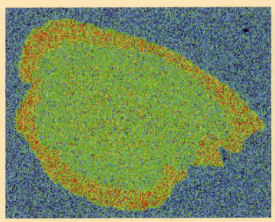

「戻りヤマメ」の耳石断面。川と海に生息していたサクラマスの耳石のストロンチウムは変動する。写真では、緑色の部分が淡水生活で、赤色の部分が海水生活に相当。外側（赤い部分）にストロンチウムの蓄積が見られる。

採集は飼育員の財産だ

土田　洋之（いおワールドかごしま水族館）

　かごしま水族館は展示の魚を集めるため、職員たちが近くで操業する定置網漁に同行し、採集を行っています。定置網の魚は元気に泳いでいるので、水族館にとって都合がいいのです。お目当ての魚がいれば、漁師さんにお願いし、作業を止めてもらいます。そして、魚を傷つけないように「水タモ」で魚をすくいます。水タモを使うと水の抵抗や重さは半端ではありません。でも、漁師さんに作業を止めてもらっているので、スピード勝負です。「重い！」などと泣き言はおろか、表情にも出せません。何より、魚を見失ったら……？という精神的プレッシャーも相当です。肉体的にも作業を終えたころには、腰はガタガタ、腕はパンパンになっています。

　漁師さんの作業のお手伝いもさせていただいています。網上げや魚の選別を手伝っていると会話がはずみ、情報交換もスムーズになります。顔見知りになると、お互いの近況や家族のことなども語り合います。そうなれば最高です。例えば、市場では値段が付かない魚でも、私たちにとっては貴重な展示生物となることがあります。「見たことがない魚が入っちょっど！」と、仲良くなった漁師さんから希少種の情報をいただけるようになるのです。

　毎日、海を見ている漁師さんの情報は、図鑑や文献の知識より新鮮です。リアルタイムな鹿児島の海の情報を来館者の皆さまに伝え、「海とつながっている水族館」を目指す私たちにとって、漁師さんの情報は大切なのです。漁師さんたちの多大なご協力があるからこそ、水族館の展示が成り立っているのです。

　定置網には季節に応じた回遊魚が入網しますが、メジナ、イシダイ、クロダイ、ブダイといった磯魚や投げ釣りのターゲットのシロギスやネズミゴチなどは定置網に入ることは少ないようです。これらの魚を収集する方法は釣りです。仕事で釣り！とは釣り好きの人にとって夢のような話でしょう。しかし、釣りは、釣り上げることがゴールですが、私たちは魚を展示することがゴールです。なので、魚への負担を配慮したシビアな釣りです。釣り針による傷を最小限にするため、針のかえしをつぶしたり、あえて細軸の針を使います。仕事で釣りですから、ボウズでの帰社は許されません。そのため、釣りは真剣そのもので、静まりかえった雰囲気です。もし、釣り場で一生懸命バケツの水換えを行っていたり、フタ付きバケツの中の魚を何度ものぞき込んでいる人を見かけなら、ひょっとすると飼育員かもしれません。

　こんな事もあります。休日の釣り採集で帰りが遅くなると、わが家に獲物を持ち帰ります。できるだけ温度差がないようにバケツは家の中。しかし、深夜、鳴り響くエアレーションの音は家族の大ひんしゅくです。

　定置網であれ、釣りであれ、自らの手で苦労して採集し、ようやく展示にこぎつけた時の喜びはひとしおで、格別な思い入れもあります。お客様への解説にもついつい力が入ります。魚たちのエピソードは本を読んだだけでは語れません。実際に体験して得た魚だからこそ自分の言葉として味のある解説をすることができると思います。そして、なによりも「生きた海の情報」をお客様に伝えるための飼育員としての財産になっていると信じています。

会話もなく、黙々と釣りをする職員

#06 シーバスの素顔
テクニカルならマル、男の釣りならヒラ

担当生物：イルカ、アシカ、ウミガメ
釣歴：30年以上
釣りジャンル：ソルトルアーフィッシング
ホームグラウンド：伊豆半島
釣りの夢：メーターオーバーのスズキを釣り上げる！

浅川　弘
下田海中水族館

カタクチの「ツーッ」から学ぶ

　私が紹介するのは釣り好きならだれもが知っているスズキです。ルアーマンからはシーバスと呼ばれています。シーバスの魅力は街中の河口や堤防からでも楽しめ、しかもメーターオーバーが期待できることです。とはいっても私が少年だったころシーバスはめったに釣れないあこがれの魚だったのです。年齢というハンディがあったと思います。知識もなければ道具も粗末なものでした。今は、人並みの道具も持っていて、一応、水族館スタッフです。シーバスやエサ（ベイト）を、毎日眺めていると釣りのヒントがいっぱいです。

　たとえばベイトの動きもそうです。水族館にはシーバスのベイトとして代表的なイワシが1万尾収容されている大水槽があります。正確にはこのイワシはマイワシとカタクチイワシの混合群で、自然界ではあまり見られない光景です（写真①）。この混合群をよく見ると動きがまったく違うことに気づきました。マイワシの泳ぎは体をくねらせる動きが多いのです。ルアー釣り用語でいうと「ウォブリング」でしょう。一方、カタクチイワシは「ブルブルッ」と体を震わせて「ツーッ」と進み、「ブルブルッ、ツーッ」と泳ぐのです。カタクチイワシはマイワシのような体をくねらせる動きは見せないのです。

　シーバスが飼育されている水槽に活きたカタクチイワシを放したこともあります。元気なカタクチイワシが水面を「ツーッ」と泳いだ場合はあっという間に餌食になりました。ところがです。少し弱っていてブルブル泳ぎ続けるようなカタクチイワシは、シーバスに食べられるまで時間がかかるか、反応しても口を使わないシーバスが多いのです。

　ルアーマンの方ならご存知と思いますが、シーバスの好むベイトの一つがカタクチイワシです。ルアーの動きはカタクチイワシをイメージした方が賢明ということです。「ブルブルッ」というようなウォブリングの連続やオーバーアクションでよい反応が得られることは少なくて、どちらがといえば控えめな「ツーッ」という動きを与える感覚です。特に、トップや水面直下をトレースする場合は「ツーッ、ツーッ」というイメージでルアーを動かした方がよいと感じています。ぜひ、トライしてみてください。

マルとヒラ

　シーバスにはスズキとヒラス

① カタクチイワシ（左・右下）とマイワシ（右上）の群れ

スズキ（左）とヒラスズキ（右）

ズキがいます（写真②）。シーバスを専門に狙うルアーマンたちにはスズキを「マル」と呼び、ヒラスズキを「ヒラ」と呼びます。体の断面を比べるとスズキが丸く、ヒラスズキは平べったいのが特徴だからです。そのほかの違いは、スズキに比べるとヒラスズキは体高が高く、尾ビレの付け根は太くて短く、眼も大きいようです。生息海域も違います。スズキは沿岸の内湾や河口の汽水を好みますが、ヒラスズキは伊豆半島、紀伊半島、四国南岸、九州南岸など、黒潮域の外洋に面した磯をおもな生息場所にしているのです。

手軽に狙えるスズキに対して、生息海域が限られ、しかも波の高い荒磯から狙うのが定番となっているのがヒラスズキです（写真③）。ヒラスズキを狙うにはルアーのテクニックだけでなく、危険な荒磯を熟知する必要があります。ルアーマンからヒラスズキは「御ヒラ様」、ヒラスズキを追いかけているルアーマンは「ヒラ師」と呼ばれ、一目置かれる存在なのです。

③ ヒラスズキのフィールドは荒磯

水族館勤務で
マル派になった!?

　私のホームグランドの伊豆は数少ない「御ヒラ様」、ヒラスズキの聖地です。ところが「今日もマル狙いなの？」とよく声をかけられるくらいスズキ狙いが多いのです。今では子どものころ、夢にまで見たメーターオーバーのスズキを本気で追いかけています。そう思うようになったきっかけは、やはり水族館勤務です。

　私がいる下田海中水族館には、海岸の一部を利用したような自然に近い野外の大きな水槽があります。数年前に釣獲したスズキやヒラスズキをプール水槽で3年ほど飼育して、生態をじっくり観察したことがあります。収容してしばらくは活きエサを与えていましたが、餌付けに成功すると、イルカのエサとなるサバの冷凍ブロックに混じっているカタクチイワシを拝借し、毎日のように投げ入れていました。これが楽しい。エサを投げ入れると水面を割って捕食するからたまりません。ルアーマンたちが興奮する「ボイル」が間近で観察できるのです。

　餌付いてしばらくの間はスズキもヒラスズキも、同じようにカタクチイワシに飛びついていました。きっとお腹が減っていたのでしょうね。でも、日が経つにつれて捕食パターンに違いが見られるようになりました。水面に落ちたイワシを視認したヒラスズキは、ほぼ100％、猛烈な勢いでイワシに食いつきました。ヒラスズキは「迷いなく捕食！」といった感じです。

　これに対してスズキは日増しにイワシを食べなくなったのです。もちろん、イワシを投げ入れれば反応はしますが、そこからはかなり用心深いものでした。水面から沈下するイワシの前で「スーッ……」とスピードを落として近づき、じっとイワシを観察します。「これはエサだ」と思えばパクッと食べるし、「何かおかしい？」と感じたならプイッと反転してしまいます。中には「これはなんだ？本物なのか？」とでもいっているかのように、下アゴで「ツン！」とイワシを突いて帰ってしまうヤツもいるのです。

　この行動の差は、正直驚きでした。視認すれば迷いなくバイトするヒラスズキに対して、スズキはエサに対して用心深く繊細だったのです。それからというもの、条件さえ同じならば、釣るのがむずかしいのはスズキと考えるようになったのです。同時に、スズキを釣り上げるプロセスがたまらなくおもしろく思えてしまい、ますますスズキ釣りに励むようになったわけです。

　実釣でもスズキを釣り上げるのが難しいと感じることがあります。伊豆の河口ではスズキとヒラスズキが混在しているポイントがあります。そんなポイントで先にヒットするのは決まってヒラスズキです。ヒラスズキを何尾か釣りながら、狙うレンジを深くするなど、あれこれ工夫しているとスズキが釣れたりします（写真④）。単なる付き場（遊泳水深）の差も関係しているでしょうが、私の頭の中によぎるのは水族館で見た「迷いなく捕食！」するヒラスズキの姿なのです。

ダテではない
「ヒラ師」

　とはいえ、荒磯に立ちポイントを探しながらサラシの広がる大海原にルアーを打ち込むのがヒラスズキ釣りです。こういったロケーションは、河口や内湾メインのスズキでは味わえません。優柔不断な私も安全対策のウエットスーツを着て、スパイクシューズを履き、ヘルメットをかぶり、ヒラ師として磯に立ちます。プロフィール写真がそれです。もしかすると、体力に自信のあった若いころならばヒラスズキに魅せられて、荒磯に通っていたかもしれません。

　それに知り合いの漁師さんの話では、網にかかるスズキとヒラスズキの最大サイズに違いはないと聞きます。しかし、釣り情報では、メーターサイズの大型は明らかにスズキで多く、ヒラスズキでは珍しいのです。ヒラスズキは大胆な性格から釣獲圧が高く、大型になる前に命を落としているかもしれません。または、逆の説も考えられます。

④ 河口でルアーにヒットしたスズキ（左）とヒラスズキ（右）

それは、大型化したヒラスズキは用心深くなってしまい、「迷いなく捕食！」が成立しないということです。

余談ですが、釣り上げて水族館に搬入したスズキやヒラスズキも小型個体は簡単に餌付きます。ところが大型になればなるほど、ヒラスズキもスズキも餌付けはむずかしくなります。たとえば80センチ級になると、あれこれ試しても1年近くはエサを食べようとしませんでした。大型になるためには、用心深さが必要なことを実感しています。

ヒラスズキは食い気が立てば簡単に釣れるかもしれませんが、大型の個体数は少なく、貴重な存在です。荒磯で希少なヒラスズキを釣り上げるには、移動回遊パターンを熟知していなければいけませんし、少ないチャンスを確実にものにしなければいけません。スズキ釣りを経験していないとヒラスズキ釣りは無謀です。「御ヒラ様」を追いかける「ヒラ師」はダテではないのです。

大型ほどリリースしたい！

3年間、水族館で40センチほどのスズキとヒラスズキとお付き合いし、一つおもしろいことがわかりました。彼らは順調に成長し、40〜60センチくらいまでは私の予想を上回る成長スピードでした。ところがです。60センチを超えたあたりから成長スピードは遅くなったのです。大型個体の貴重さを再認識したのです。

人間と違って魚は死ぬまで成長します。例外もあるのですが「大型魚は高齢、高齢は大型魚」ということです。だたし、魚にも寿命や事故死（釣りや食べられる）がありますから、人間と同じように高齢化した個体は少なくなります。100才以上のお爺ちゃんやお婆ちゃんはめったにお目にかかれないのと同じです。

ここで発想をひっくり返しましょう。大型の個体は少ないので、大型の個体ほどリリースすれば再捕される確立は高くなるのではないでしょうか。いつまでも大型に出会える釣り場環境を守りたいのであれば「小さいから逃がす。大物だから持って帰る」だけでなく、「小さいから逃がす。大物だからこそ逃がす」ことも必要です。

こんな出来事がありました。仲間が91センチのスズキを釣り上げたのですが、釣り針を外す時に下アゴに大きな傷が付いてしまったのです。そのスズキはすぐにリリースしたのですが、なんと1年後、私の釣った95センチのスズキの下アゴに大きな傷跡があったのです。すっかり傷は治ってはいましたが、傷の特徴や部位からすれば同じスズキと確信しています。「1年で4センチも成長したんだね！」と、仲間と盛り上がったのですが、リリースしていなければ出会うことのなかったスズキでした。

最後に、本稿で少し大物シーバスにこだわった話を披露させていただきました。でも、釣りは海、川、魚と向きあう遊びです。自分の力で手にした1尾は、サイズに関係なく最高の喜びをもたらしてくれます。釣り本来の楽しみはそこにあると、私は感じています。

#07 尺メバルへの流儀
速巻き釣法とシャローエリアで周年ターゲット

担当生物：鰭脚類（アシカ・アザラシ）からガラ・ルファ（ドクターフィッシュ）の繁殖まで
釣歴：35年以上
釣りジャンル：ソルトウォーターライトゲーム、渓流ミノーイング
ホームグラウンド：伊豆半島
釣りの夢：40センチオーバーのメバルを釣ること！

藤原　克則
下田海中水族館

水槽のメバルたちとにらめっこ

　私が紹介するのはメバルです。それまではスズキをメインに狙っていましたが、スズキがあまり釣れなくなる冬に旬の釣り魚として始めたのがメバルでした。メバルを紹介するほど惚れ込んだきっかけは、狙い始めて2尾目が尺オーバーだったことです。尺メバルというのは30センチオーバーのメバルで、メバルの聖地として有名な伊豆半島でも夢の存在です。幸運にも2尾目が尺メバルという衝撃はすさまじく、一瞬で虜になったのです。何といっても尺メバルの魅力は、精かんな顔つき（写真①）と強烈な引きです。スズキとは違った暴力的な引きを一度味わうと「また次も！」となってしまう……、ある種の中毒性を秘めています。そんな理由から仲間たちがスズキを狙っているなか、一人、メバルへとハマっていったのです。

　ところで釣りのハウツー本で書かれているメバルのイメージは「ゆっくりとエサに近づいて、ついばむように食べる」というものです。だから「リールをゆっくりと一定の速度で巻いて、ルアーを泳がせるのが基本！」と書かれていることもあります。メバルは動きも遅く、エサに対してものんびりしているというのが定説化しているのです。ところが、寒がりな私にとって、冬の冷え込んだ夜のスローな釣りは苦痛でした。それに、私は

① 30センチ（尺）を超えるメバル（左）と精かんな顔（右）

② 王道のピンテールワーム（左上）とカーリーテールワーム（左下）、ルアーをがっちりくわえた尺メバル（右）

スズキ釣りでもテンポの早い釣りが好きでした。「メバルにも、もっと独創的な釣り方があるのではないか？」と、水族館のメバルとにらめっこ！がスタートしたのです。

水族館発「速巻き釣法」

水族館の日中のメバルたちは物陰に身を寄せ、斜め上を向いて定位しています。これが一般的なメバルの姿です。ですが、そんなメバルも夕方になると変貌します。物陰から離れ、大胆に水面近くにまで浮いてくるのです。まさに目からウロコの光景でした。そして、浮上したメバルは投げ入れたエサに対して想像よりずっと早い動きで対応するのです。

ただし、このような行動はお食事タイムが決まっている飼育魚ならではの可能性がありました。しかし、野外調査で自然の海に潜ったとき、それを確証したのです。明るいうちに潜水を開始したのですが、作業が終わるころにはかなり暗くなっていました。そこであの「目からウロコ」の光景です！　メバルたちがいっせいに浮き上がってきたらしく、辺りがメバルだらけになっていたのです。

この光景を目の当たりにして、これは実践で試してみるしかない！と、さっそく検釣をスタート。いざ、釣り場に向かいテストを開始してみたのですが、なかなかうまくいかない……そんなときに、転機がありました。ミスキャストをしたため、ルアーを回収していたところへグッドサイズのメバルが飛び付いて来たのです。私の頭の中には「？？？？？」がいっぱいでした。これはもしや"速巻き"の効果だろうか!?　半信半疑ながらも試してみると大当たり!!　しかも、ヒットするのはグッドサイズばかりだったのです。

水族館の観察や釣りで大型メバルは警戒心が強くて物陰に潜んでいるというイメージがガラリと変わりました。小型のメバルよりも警戒心が薄く、大胆にすら感じられました。こうして、私のメバル釣りにおいて「速巻き釣法」が確立されたのです。

余談ですが釣り談議を少々。メバルのルアーはピンテールなどのストレート形状のワームと小さなジグヘッドといった軽量リグが王道のように言われていました。私もメバルを狙い始めた当初からピンテールのワームを多用しました。しかし、大型メバルはエサに対してあれだけの速い動きでガンガンとアタックしてくるのだから、ピンテールよりも波動の強いカーリーテールの方が効果的ではないか？と思ったわけです。実践すると「やはり！」おもわく通りだったのです（写真②）。ただ、いつもカーリーテールが有効というわけでもありません。その日のメバルの反応に合わせて、ワームを使い分けているのも事実です。大切なことはカーリーテールも効果的な場面が多々あるということなのです。

オススメはゴロタ浜

ここまで書いていると、私が順調にメバルを釣り上げているように感じているかもしれません。しかし、メバル釣りを始めたころ、ある時期を境にぱったりと釣れなくなったことがあります。速巻きをしても駄目……スローな釣りでも駄目……ここで、一つの壁にぶつかってしまいました。ちょうど釣れなくなった時期は繁殖期の後の3〜4月で、いわゆる"アフター"と呼ばれる時期です。

ところが釣り名人たちは、ア

③ シャローエリアのゴロタ浜　　**④** 冬場にメバルが潜むポイント

フターでも順調に釣果を伸ばしています。何が違うのだろう？と迷っていたとき、ふとしたきっかけで、エキスパートの方とお話をする機会がありました。「この時期、どのようなポイントで狙っているのですか⁉」と聞いてみると、驚くほど水深の浅いポイント（シャローエリア）で釣りをしているとのことでした。

メバル釣りのセオリーでは比較的水深があるところが好ポイントということなので、名人の話といえども最初は半信半疑でした。そうなれば水槽観察の出番です。アフターの大型メバルをよく観察すると、たしかにいつもより泳ぎ回っていたのです。産仔後は体力回復が最優先で、身軽になればエサを追い求めて大移動してもおかしくないはずです。最高のエサ場がシャローエリアなのかもしれません。

釣り人や水槽のメバルたちから得た情報をもとに、水深がほとんどないようなシャローエリアで検釣してみることにしました。シャローエリアと一口に言っても、いろいろなポイントがあります。少ない情報を頼りに、とあるゴロタ浜を攻めることにしたのです（写真③）。

広大なゴロタ……どう攻めるのがよいか？　見当もつきませんでした。ただ、シャローエリアでも長年観察してきたメバルの習性に基づけば必ず障害物近くに身を潜めるはずです。しかもシャローエリアではエサを求めているのです。そこで、少しでも変化のあるポイントや、ベイトが集まりやすいような流れ込みの周辺に狙いを絞り、検釣がスタートしたのです。

シャローエリアでの釣りというと根掛かりが心配されますが、意外にも私のスタイル「速巻き釣法」とマッチ！　驚くほどのシャローのポイントで尺メバルを連発させることができました。もちろん、釣り仲間との情報交換と水槽観察が成し得た結果でした。現在では釣り雑誌などですっかりおなじみになった「ゴロタでのメバルゲーム」は、本当に病みつきになります。

シーズンと成長、ウソ・ホント

メバル釣りは冬のイメージが強いのですが、水族館では年中エサを食べ、元気に泳ぎ回っています。ですから、メバルは年間を通して釣れる魚だと思います。私の中では、5月中旬〜6月いっぱいが一番よい時期だと思っています。俗に言う「梅雨メバル」です。繁殖期後のアフターを乗り越えて、体力を回復させたコンディション抜群のメバルが釣れるので、一年で一番楽しい時期でもあります。では、8〜9月の高水温期はどうでしょう。「夏場は水温の低い深場へ移動する」という話も聞きます。少し釣果が落ちますが、じつは、夏でも普通に釣れるのです。決してメバルがいなくなるわけではありません。実際、潜水作業で海に潜った際もメバルをよく見かけます。漁師さんたちからも「メバルならすぐ近くの岩陰に大きいのがたくさんいるぞ！」という話も聞きます。

結局のところ、多くのルアーマンはメバルを年間通して追い続けることはありません。それに水温が高くなれば、本命のメバルより外道の活性が高くなってしまうでしょう。それに夏の行楽シーズンに暗闇で釣りをし

⑤ 成長の遅いメバル（左）成長が速いカサゴ（右）

ていて、観光客が放ったロケット花火の直撃を受けたこともあります（笑）。このように、夏場というのは、先入観によってメバル狙いの釣り人が少なくなること、メバルの活性が下がり外道の活性が上がること、釣り人の行動範囲も制限されてしまうことなどが「メバルは、冬の魚」というイメージを強くしているのかもしれません（写真④）。

もう一つ、成長の話を検証してみましょう。釣り人たちからメバルやカサゴは成長スピードが遅いと言われています。では、本当にメバルやカサゴは、成長が遅いのでしょうか？　水族館では釣り上げたメバルとカサゴが飼育されています。水族館でわかった事実があります！

まずはメバルです。当初20センチほどの大きさでしたが、水槽にも慣れて毎日お腹がパンパンになるまでエサを食べました。ところが、メバルは成長が遅く、本当に大きくならないのです。一般的にメバルは成長スピードが遅く「尺クラスに育つまで10年以上かかる」と噂されていました。ある意味、納得の結果というわけです。

驚いたのはカサゴです。20センチのものが、1年足らずで立派な尺クラスに成長したのです。もちろん個体差もあると思いますが、カサゴの成長は想像より早かったのです！　水槽で観察していると、カサゴは単独でお気に入りの住み処を陣取っていて、まるで縄張りを持っているようです（写真⑤）。大きなカサゴは縄張りを持っているので、その縄張り個体が釣られてしまうと次のカサゴがその場所に陣取るまでに時間がかかってしまい、大きな個体がいなくなったように感じるのかもしれません。

メバルは前述したように成長が遅いため、大きな個体を持ち帰れば、「年々釣れなくなった」ということになってしまうでしょう。特に、ゴロタでのメバルは、ツボにハマると連発します。そういった意味でも「必要以上は、持ち帰らない！」というのはとても重要なことです。

私がここまでメバル釣りにのめり込んだのは、すばらしい仲間たちとのめぐり逢いと恵まれた自然環境にあります。今ではネットや雑誌などで簡単に釣り情報が手に入る時代になりました。釣果だけを望むなら、その方が簡単で手っ取り早いでしょう。でも、釣りの楽しみは本来そういうものでしょうか？　釣れるときもあれば、釣れないときもある！　記録的な魚をキャッチしたときもあれば、魚との勝負に負けるときもある。本当の釣りの醍醐味は、自分でいろいろな想像を膨らませながら、思い描いたポイントで魚に遊んでもらう！　この一点ではないでしょうか。これからも、グッドサイズのメバルたちに展示仲間になってもらおうと思いつつ、水槽を観察する毎日を楽しみにしています。

最後になりましたが、最近、メバルの3色彩型は3種に分類されましたので、メバルという標準和名は存在しません。ご容赦ください。なお、私のプロフィール写真は、（株）つり人社よりご提供していただきました。感謝申し上げます。

減圧は大敵

宇井　晋介（串本海中公園水族館）

　串本海中公園で飼育している魚の何割かは職員が釣り採集したものです。釣りは魚を傷めない、もっとも効率的な採集方法なのです。ただし、釣り採集のネックは、やや深いところにすんでいる魚の採集です。水深10メートルの深さでは、大気圧の1気圧に水深分の気圧1気圧が加わって、2気圧の圧力がかかります。20メートルなら3気圧です。船釣りをされた方なら経験があるかもしれませんが、水深20メートルを超えるところから釣り上げた魚はお腹を上にして浮かんでしまうこともあります。もっと深くなると胃が口から出たり、眼球が飛び出してデメキンみたいになってしまいます。こうした症状は減圧症と言われ、血液中の気体が膨張して、浮力を調節する鰾（うきぶくろ）が排気不足になってしまうのです。

　スキューバダイビングを経験された人ならご存知と思いますが、海に潜る時にはバランシングジャケット（通称BCD）という浮力体を着用します。水中で浮きも沈みもしないという状態、すなわち中性浮力を得るためです。海の中の魚たちも鰾のガスを調節することで中性浮力を保っているのです。釣り上げた魚のお腹が膨らんでしまうのは、浮上スピードが早すぎて、鰾の排気が追いつかなくなり、結果、鰾が異常に膨らんでしまうからなのです。ですから、やや深い場所での釣り採集の際には、浮上スピードに気をつけないとなりません。ゆっくり、ゆっくり、リールを巻いて、魚が、極力、暴れないスピードで引き上げてきます。それでも残念ながら、口から胃が飛び出す魚がいます。経験では底近くを徘徊（はいかい）している魚、例えばイラ、テンスなどがその代表です。そんな魚は、すぐに船上で処置しないと水族館まで持ちません。

　釣り人や漁師さんたちの鰾のガスの抜きは、肛門や口から専用エア抜きを刺します。ところが、私たち水族館職員がガス抜きを行う部位は、背骨と内臓の間くらいで、押さえると少しへこむところ、その下には鰾があります。そこに体表から注射針を刺してガスを抜くのが一番生き残る確率が高いようです。こうすることで、鰾の圧迫から内臓が解放され、口の中いっぱいだった胃も元の位置におさまって、呼吸ができるようになります。ただ、加減が肝心です。苦しそうだからと目一杯、ガスを抜いてしまうと、鰾がぺしゃんこになります。すると、今度は、魚が沈んでしまって、泳げなくなることもあります。

　最近、海釣りでもキャッチ＆リリースが実践されています。うれしい限りです。中には、深いところから釣った魚をリリースされている人もいるようです。しかし、鰾だけならまだしも、眼球が飛び出しているような魚のダメージは相当です。残念ですが、生き残るのは難しいのではないかと思います。一方、減圧に強い魚の代表はヒメジの仲間。ホウライヒメジやオキナヒメジなどは、40メートル前後のところから釣り上げても、肛門からガスを放出し、お腹が膨れることはありません。最強はバラムツ。鰾の中にガスではなく、比重の軽い油を詰め込んでいるのです。減圧によってもまったく影響を受けず、100メートルを超える深場から引き上げても元気。水面近くで暴れ回る巨体に翻弄されてしまいます。

著者と減圧に強いバラムツ

メバルたちの帰巣性

津行　篤士・海野　徹也（広島大学大学院生物圏科学研究科）

　メバル釣りの一級ポイントは大きな岩の割れ目やテトラポットなどの「住み処」と呼ばれているポイントです。そんなポイントでは、立て続けに良型メバルを釣り上げたり、リリースした個体を釣り上げることもあります。メバルには住み処へのこだわりがあるようです。

　メバルたちの住み処へのこだわり（帰巣性）が初めて報告されたのは1972年に行われたタグ標識実験です。住み処から2.4〜35.0キロメートル離れたところに放流された337尾のうち、じつに74尾（約22％）が帰ってきたのです。最大で22.5キロメートル離れたところからも帰ってきたそうです。こうした帰巣性は、1987年にワシントン州ピージェット湾のメバルに超音波発信器を取り付けて追跡する方法でも証明されました。おもしろいことに、メバルは放流海域から住み処に真っ先に帰るのではなく、右往左往しながら住み処の方向を定めて帰ることもわかりました。

　メバルたちは何を手がかりに住み処に戻るのでしょう。メバルは漢字で「眼張」と書くほど、大きな目を持っています。闇夜や光が届かない深海で視力を発揮するためです。そんなメバルたちが大きな目をフル活用して、大きな岩や地形の変化をたよりに住み処に帰っていても不思議ではありませんね。ところが、メバルの帰巣にはニオイがかかわっているようです。例として、流れが複雑な海域では帰巣に時間がかかるそうです。複雑な流れでニオイが撹乱されるからではないかと考えられています。京都大学の研究チームは、目隠しをしたメバルと鼻に詰め物をしたメバルで帰巣実験を行いました。すると、鼻に詰め物をしたメバルは住み処に帰らなかったのです。今のところメバルが嗅ぎ分けているニオイは不明ですが、魚の嗅覚はアミノ酸に敏感です。サクラマスは産まれた川に帰るためにアミノ酸を嗅ぎ分けているようです。

　魚ではニオイ以外にナビゲーションにかかわっ

メバルと超音波発信器やデーターロガー（深さや水温センサー）

ているものがあります。たとえば、大海原にいるサケが産まれた川へのナビゲーションとして使うのが磁気コンパスです。メバルも磁気を感知しているという研究報告もあります。メバルたちは、磁気コンパス、ニオイ、大きな眼を使って、大好きな住み処に戻るのでしょう。

　ところで、釣り人の中には、どう考えてもメバルの住み処とは思えない浅瀬やゴロタ浜をポイントに設定している人がいますね。ベイトを追いかけて散歩しているメバルを狙ったものでしょう。メバルたちの生活範囲や回遊パターン、ぜひ、知りたいですね。将来、超音波テレメトリー（超音波発信器による追跡）やデーターロガー（水温・深度・加速度が記録できるデータ記録装置）を使った研究でメバルの行動生態が明らかになるでしょう。

　これらの小型装置は数万円から数十万円と大変高価です。もっと大切なことは、これらの装置を装着したメバルが正常な行動をするかを検証することです。その点、水族館の大水槽は記録装置を付けたメバルの行動を検証するのに最適です。水族館と研究者のコラボに期待しましょう。

#08

オトリアユも水族館の魚も元気が一番
輸送のノウハウをオトリ缶に応用！

担当生物：日本の海、深海、南極の魚類および無脊椎動物、クラゲ
釣歴：35年
釣りジャンル：鮎の友釣り、投げ釣り、サビキ釣り
ホームグラウンド：根尾川（揖斐川）や板取川（長良川）、知多半島、敦賀新港
釣りの夢：尺鮎をオトリに使う

松田　乾
名古屋港水族館

友釣りはオトリ次第

　全神経をとがらせて静かに見つめる川面の目じるし。突然、目じるしが吹っ飛ぶように視界から消えた。「ガツーン」、次の瞬間、野アユとオトリアユに川の流れが加勢し、長竿が大きくしなる……これが友釣りの醍醐味です。友釣りは巧みな竿さばきで、オトリアユを野アユに接近させます。すると縄張りを持っている野アユがオトリアユにアタックし、掛け針に引っ掛かるのです。この野アユはスレ掛かりなので引きの強さは想像以上です。にもかかわらず、長竿の先にはオトリアユに負担がかからないように極細ラインが結ばれています。オトリアユの繊細な操作、掛かった野アユを取り込むスリルと興奮、それら

① 豪快かつ繊細なアユ友釣り。滋賀県安曇川にて著者

を美しい清流で楽しむのがアユの友釣りなのです（写真①）。

　友釣りには、竿、糸、掛け針などに最先端技術が注がれています。そのため道具は高額で、敷居が高く、熟練者がやるものだと世間では思われているようです。そうかもしれませんが、私が思うに、友釣りが敬遠される理由の一つは活きたオトリアユを扱うことだと思います。最初のオトリアユは地元の漁協やオトリ屋さんで購入し、活かして釣り場まで運ばなくてはいけません。これって結構たいへんです。また、友釣りは"循環の釣り"とも言われ、釣れたばかりの元気の良い野アユをオトリアユにすれば、縄張りアユへのアピールや挑発がうまくいきます。私程度のレベルならなおさらで、オトリアユの活力が釣果にかかわってくるのです。

　友釣りの話はさておいて、友釣りでオトリアユを活かす道具は二つあります（写真②）。一つはオトリ缶と呼ばれるもので、容量20リットルくらいのプラスチック製水槽です。アユを入れる投入口や川の水を取り入れる換水口のほか、乾電池式のエアーポンプをセットできるようになっています。オトリ屋さんから川への移動あるいはポイント間の移動にともなうオトリアユの運搬に使います。また、川の中にオトリ缶を沈めることで、購入してきたオトリアユを河川水温になじませる"水合わせ"の役割があります。そして、川

② 各メーカーから販売されているオトリアユの輸送とストックに使うオトリ缶と釣れたアユを入れる引船（左）。流れのある瀬で釣る場合は、引船をベルトに引っ掛けておく（右）

の中に沈めて、釣れたアユのストッカーとしても使います。

もう一つは引船です。川に立ち込んで釣るときにオトリアユを入れておく4〜7リットルくらいの舟型容器で、腰のベルトに引っ掛けて使います。アユを入れる投入口や川の水を取り入れる換水口があります。

私は水族館で活きた魚を日常的に扱っています。オトリアユの扱いならお任せください……と言いたいのですが。まずは失敗談を披露させていただきます。

失敗と反省

私が友釣りを始めたころ、岐阜県揖斐川の支流にある定番のポイントに通っていました。ある日のこと。その日は絶好の釣り日和にもかかわらず釣果はイマイチ。しかも、いつもより釣り人が多くて、思い通りのポイントを探ることさえもままならない状態。「いろいろな場所で試してみたい！」という衝動と、上流部の有名ポイントが脳裏に……。気がつけば車を走らせていたのです。1時間ほどで到着。大石がゴロゴロして流れも速く、たくましい野アユとの勝負だ！

胸の高鳴りをおさえつつ、オトリ缶を開けたそのとき、ガツーン。なんと、3尾のオトリアユが……。

猛反省。原因はすぐに想像できました。真夏日に車内は相当熱い。エアコンをかけていても、それはドライバーを快適にするためです。オトリアユは急激な水温上昇で死んでしまったのでしょう。

釣っている最中の失敗もあります。8月の和歌山県古座川、水深30センチくらいの流れの緩やかな平瀬でした。送り出したオトリアユが対岸へと近づいた瞬間に目じるしが吹っ飛びました。釣れたばかりの野アユをオトリに。するとオトリは一目散に対岸へ泳ぎ出し、ガツーン……。人生初の入れ掛かりを楽しみました。さすがに20尾程もの入れ掛かりの後はアタリもなくなり、オトリアユも弱ったので、元気なオトリに替えようと引船を開けたとき、ガツーン……。

猛反省。調子にのって引船にアユを入れすぎたのです。高水温、おまけに川の流れが緩やかだったので引船の換水がうまくいかずに酸欠になってしまったのです。この日の水温は30℃近く。ちなみに、入れ掛かりポイントを調べてみると、冷たい湧き水が湧いていました。アユは涼を求めてそこへ集まっていたのです。

ナンキョクオキアミや深海魚

話を変えて水族館の魚の運搬について紹介しましょう。水族館で展示している魚は職員が採集したり、漁師さんに捕ってもらいます。どちらも、現地から水族館まで活かしたまま運びます。陸送はワンボックスカーか

2トントラック用の活魚水槽（左）は容量が1.5トンあり、厚さ5センチの断熱材を使用。夏でも、10℃の水の水温上昇は24時間後で1℃程度

南極海に棲むナンキョクオキアミの陸送。バケツの周りを氷で埋めて0℃をキープ

深海魚を長崎から名古屋まで運んだときには、密封バケツをクーラーボックスで保冷

らトラックまで、それぞれに応じた輸送用水槽を使います。輸送する魚の種類、大きさ、数で、使用する自動車や水槽のサイズを決めます。

名古屋港水族館では全長1メートル以上の大型魚や、一度にたくさんの魚を運ぶ場合は、トラック専用の活魚槽（水量1.5トン）を使います。この水槽はFRP製で、厚さ5センチの発泡ウレタン断熱層があります。強力な断熱層のおかげで、真夏でも、10℃の水温は翌日でも11℃未満です（写真③）。

注意しなければいけないのが、水温、密度、酸素です。水は空気に比べると熱を伝える力が強く、基本的に魚の体温は水温と同調するので、輸送中の水温の変化に注意します。特に、夏や冬は車内温度の影響で水温が急に変わります。そのため、断熱の効いた水槽を使って水温変化を最小限にしています。

魚は水に溶けている酸素をエラから取り込んで呼吸しています。輸送時間が長くなると酸素が足りなくなるので、エアーポンプを使って水中に酸素を送り続けます。とはいっても、供給される酸素の量や水槽サイズに対して、あまりにも魚が多いと酸欠になることがあるので、輸送する魚の密度が高くならないように注意します。また、魚の排泄物で水質が悪化して、魚を弱らせることがあります。場合によっては新鮮な予備水も同時に運んで、輸送中に水換えをします。

南極に棲んでいるナンキョクオキアミを東京晴海ふ頭から輸送したときはもっとシビアでした。ナンキョクオキアミが入った水密バケツ（水量20リットル）を断熱容器に収容し、その周囲を氷で満たしました（写真④）。このとき、海水氷を使うと冷えすぎでバケツの水が凍結してしまいます。ですので、あえて淡水氷を使いました。淡水氷の融点はナンキョクオキアミの適正水温と同じ0℃だからです。

長崎から深海魚を輸送したときもナンキョクオキアミと同じ水密バケツを使いました。水密バケツを適量の氷が入った大型のクーラーボックスに収容して、水温を12℃に保ちながら約24時間かけて名古屋まで輸送しました（写真⑤）。この場合、数時間おきに水温と水質をチェックし、必要に応じて氷や水を追加することで水温と水質を安定させました。

飼育員の視点でオトリ缶

では、友釣りの話に戻ります。2度の失敗と猛反省。そして、私が水族館の飼育員なので、まずは引船の工夫。引船で20尾

オトリ缶がすっぽりと入るように加工した自作発泡スチロール箱

以上のアユがキープできるのは、川の流れで自動的に換水できるからです。逆にいえば、流れの緩やかなところでは換水はうまくいきません。ということで、流れがゆっくりな場所は、私みずからが新鮮な水を供給するようにしています。引船の水を半分くらいに減らし、次に引船を川に沈めて新鮮な水で満たすのです。これを5〜10分おきに行うことでアユは元気です。足首くらいしか水がないチャラ瀬では、引船をベルトから外して、少し深くて流れがある場所に沈めます。引船をベルトから外すことによってフットワークが軽くなり、広範囲のポイントを探ることができるのもメリットです。ただし、アユが掛かると、引船まで移動しないといけません。

オトリ缶は、各メーカーから販売されていて、機能的です。ところが断熱性が低いので、時間が経つと外気温で水温が変化します。そもそもオトリ缶は、オトリアユを運ぶ以外に、川の中にオトリ缶を沈めて、オトリアユを水温馴致するのにも使います。オトリ缶に断熱というコンセプトは、使用目的からすると相反するものなのです。

そこで、私はオトリ缶がすっぽりと入る発泡スチロール製の箱を自作しました。オトリ缶の高さに合わせて発泡スチロール（厚さ2センチ）を継ぎ足し、さらに断熱効果を高めるために周囲にアルミ箔を巻いたものです（写真⑥）。じつは、紀伊半島や伊豆半島で採集した魚を名古屋まで運ぶときもよく使う方法なのです。ただし、アユの入れすぎには注意です。オトリ缶の容量は20リットルくらいですが、オトリアユは20センチ、体重100グラムくらいです。多くても5、6尾くらいが無難ですね。もう一つ、工夫しています。夏のアユは1か月に3センチも大きくなると言われています。その成長の源が大食いです。ただし、食べる量が多ければ、フンも多い。オトリアユを長い時間輸送するとオトリ缶の中はフンだらけになって、水質が悪くなります。そこで、私はエアーポンプの先にエアーストーンを使わずに鑑賞魚用の小型水中フィルターを使っています。

改造オトリ缶のおかげで、和歌山県の古座川から名古屋の自宅まで6時間以上アユを活かしたまま持ち帰ることもできます。また、発泡スチロールの箱にオトリ缶を入れるので、車が水びたしになることもなくなりました。もちろん、オトリ屋さんで購入したオトリアユは、ポイント到着まで元気いっぱいです。今回、紹介した方法で長時間にわたってアユを陸送することができますが、ほかの河川に病気を持ち込まないためにも、釣った野アユや養殖オトリは別の川に持っていかないでください。

養殖と野アユ

オトリ屋さんで売れているオトリアユは2種類あって、養殖アユと地元で採れた野アユです。友釣りはオトリアユを泳がせて狙いのポイントに誘導するのですが、時間が経つとオトリアユが弱ってしまいます。その場合、オトリアユを休ませます。このとき、野アユは復活しないことが多いのですが、養殖アユは復活が早いです。

水族館で展示している魚は自然界で採れた天然魚と養殖魚がいます。養殖魚や水族館生まれの2代目の魚は、環境の変化に強く、水槽を変えても平気です。ところが天然の魚は水槽の環境には慣れにくく、環境の変化に弱いようです。展示は養殖ものでOKじゃないか！と思われるかもしれませんね。しかし、天然魚と養殖魚は動きや仕草が違います。観客の方々に「ガツーン」とインパクトを与えられるような自然のままの魚を展示したいと思っています。

#09 知って得する"まち海"の環境
釣りエサからポイント選びまで

担当生物：熱帯性魚類、サンゴなど無脊椎動物、海草など
釣歴：45年
釣りジャンル：川や海でのルアーフィッシング、雑魚釣り
ホームグラウンド：伊勢湾および伊勢湾流入河川
釣りの夢：ネイティブな魚が釣れまくる豊かな川や海になってほしい

中嶋　清徳
名古屋港水族館

"まち海"って？

　透明度が低くて汚い！　人工護岸ばかり！　魚なんていない！　これが都市に広がる海のイメージだと思います。ところが、アングラーたちにとっては身近で手軽な釣り場です。中には人気ポイントもあります。たとえば発電所の排水口。魚は変温動物なので水温の変化に敏感です。低水温が苦手な魚は、少しでも水温の高いところに集まります。温かい排水が出る周辺は冬場の好ポイントなのです。排水口だけでなく、人間が出す生活排水も川や海の水温より高いと言われています。

　さて、私の職場の前には名古屋港が広がっています。都市に隣接した海を"まち海"と呼ぶことにします。名古屋港を例に、"まち海"の環境を紹介したいと思います。

"バチ抜け"エサの秘密

　"まち海"は、都市の影響で濁っていることが多いと思います。汚染がひどかった時代よりは良くなってきましたが、今でも生活排水や工業廃水に含まれる大量の栄養（窒素やリン）が海に流れ込んでいます。この栄養が多いと植物プランクトンが大量に育てられて、濁りの原因となります。しかし、この濁りは豊かさの証しです。プランクトンは二枚貝やフジツボのエサになります。適度の量のプランクトンが海の中にあるということは、二枚貝やフジツボたちは濃厚なスープの中にいるようなものなのです。

　実際、人工護岸にはものすごい数の二枚貝やフジツボがくっついています。これらはクロダイの大好物で、名古屋港はクロダイ釣りの人気スポットです。そして、貝やフジツボのすき間は、ゴカイ、カニ、ワレカラなどの小動物たちの住み処となり、多くの魚たちのエサ場になっています（写真①）。

　あまり知られていませんが、二枚貝やフジツボたちはものすごいスピードで成長して、卵や幼生を放出しています。そして、この幼生も稚魚たちのエサとなって魚たちを育んでいるのです。しかも水温が高い夏場のフジツボたちの成長は早く、1か月ほどで大人になります。少しくらいフジツボがクロダイに食べられても平気なのです。

　すき間に棲んでいるゴカイたちですが、繁殖期になると大きな群れで群泳し、放卵・放精します。専門用語で生殖群泳（せいしょくぐんえい）と言います。アングラーには"バチ抜け"と呼ばれています。夏の"まち海"では1センチくらいの小さなゴカイがバチ抜けしますから、ベイトサイズに合わせ

① 左:ユウレイボヤに覆われた護岸に沿って泳ぐクロダイ、右:護岸の表面にはコウロエンカワヒバリガイ（茶褐色の二枚貝）のほかにミドリイガイ（緑色の矢印）、ワレカラ（ヨコエビの仲間）（黄色の矢印）などが付着

たルアーに分があるように感じます（写真②）。

四季のイベント

海の流れは、潮流、干満、風などで起こります。あまり知られていませんが、水は温度が変化すると重さ（密度）が変わります。温かい水は軽く、冷たい水は重くなります。

秋から春にかけては外気に冷やされて表層の水温が下がります。すると表層の水が重くなり海底へと沈んでいくのです。そうすると表層から底層までの水が混ざり合うことで水温の差がなくなります。さらに、海水温が均一になることで、一層対流が起こりやすくなるのです（図1）。

春は日照が長くなって、水温も上がりはじめます。対流で海底から巻き上がった栄養が表層に運ばれると植物プランクトンが爆発的に増えます。専門的にはスプリングブルームと呼びます。春の名古屋港は、海水に粘りを感じるほど植物プランクトン（珪藻）が増えます。すると、植物プランクトンをエサにしている動物プランクトンやワレカラ（写真①）など小動物が大繁殖します。さらに、これらをエサにしているスズキやメバルの稚魚たちもすくすくと育つのです。

夏は日差しが強いので表層の水温は高くなります。重さで言うなら、表層の水がいちばん軽くなります。だから対流は起こりにくくなります。しかし、それだけではありません。初夏は雨が多いので、表層水の塩分は低くなります。夏の"まち海"は、温度が高くて塩分が低い層に被われるのです。この層より下には、温度が低く、塩分が高い環境があるので、結果的に表層から底層の間で水質が急に変わります。こうした現象を躍層と呼びます。いったん躍層が発達すると水はなかなか混じらないのです（図2）。

② 名古屋港で釣れたクロダイ。貝やフジツボが多く付着する護岸にて、ワームのスプリットショットリグのリフト＆フォールで

夏場のポイントは潮通し重視

護岸に囲まれた狭い水域に躍層があると、酸素をたっぷり含む表層水が海底まで届かなくなります。しかも、海底に沈んでいるプランクトンの死がいが分解されるときに酸素が消費されます。夏から秋にかけて、"まち海"の海底は貧酸素状態になって、生きものは棲めなくなることがあるのです。

陸から沖に向かって強風が吹くと、表層水が沖に押し出されます。すると、海底の貧酸素水が表層に上がってくることがあります。この潮を青潮（苦潮）と言います（図3）。青潮は硫化物イオンを含むので青白く見えたり、ときには温泉のような

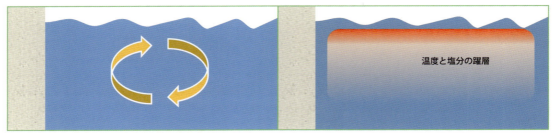

図1　秋から春は表層と底層の間で対流が起こる　　図2　夏は高温と低塩分のため躍層ができ、対流しなくなる

ニオイがします。青潮が押し寄せると生きものたちは苦しくなって水面に上がってきます。ときには、魚や貝などが大量に死亡することがあるのです。

釣り場に青潮が発生しているなら、大きく釣り場を移動するべきです。青潮が発生していなくても、水深のあるポイントは貧酸素状態になっていることがあるので要注意です。まったくエサを取られないとか、魚の気配がないときは、その可能性があります。夏から秋にかけての"まち海"では、底狙いから中層や上層に狙いを変えるか、浅場や潮通しのよいポイントを選ぶのが得策です。

夜光虫の影響は？

プランクトンが急に異常繁殖して、水の色が変わってしまうことを赤潮と呼びます。"まち海"で見られる赤潮はプランクトンの種類で、赤茶色、茶色、茶褐色に見えるものがあります。中でも赤茶色はプランクトン界でもっとも有名な夜光虫が大量発生したものです。夜光虫は海水より軽いので水面に集まりやすく、大きさが1～2ミリもあるので風に吹き寄せられやすいのです。だから、水面に赤茶色の塊ができてしまうのです。

赤潮というと魚を殺してしまうイメージを持たれるかもしれませんね。ご心配なく。夜光虫が原因の赤潮は魚への毒性はありません。ナイトゲームではルアーやPEラインが夜光虫に刺激を与え光ってしまいます。夜光虫が原因で釣れなかった！と考えるアングラーもいますが、そうではありません。夜光虫が気になる方は常夜灯周りか、夜光虫の少ない中層以下を狙うか、風向きと潮通しを考えて夜光虫が集まらないポイントを探しましょう。

定番のエサたちに外来種も

"まち海"に棲み着いている生きものたちの中には、ほかの海域から移入された外来生物で、定番の釣りエサになってしまっているものもいます。

ムラサキイガイは、カラス貝やムラサキ貝と呼ばれていますが、地中海沿岸原産です。繁殖期は冬で、10センチほどになったら繁殖がスタートします。高水温には弱く、夏場に29℃前後の水温が続くと死亡する個体が増えて、岸壁から大量に脱落してしまいます。

ミドリイガイはムラサキイガイに似ていますが、緑褐色をしています。インド洋から西太平洋熱帯域原産で、15センチほどになります（写真①）。水温が高い夏から秋に繁殖し、冬に低水温が続くと死亡します。余談ですが、冬場の"まち海"に局所的にミドリイガイが生息しているところは、比較的水温が高いところでしょう。冬期の好ポイントの目安になると思います。

コウロエンカワヒバリガイは3センチくらいの小型で丸みを帯びた貝です。オーストラリアやニュージーランドが原産で、淡水の影響を受ける水域に生息しています（写真①）。アングラーたちにはミジ貝とも呼ばれ、夏に繁殖します。9月に釣れたクロダイはコウロエンカワヒバリガイの稚貝を好んで食べていました。

タテジマフジツボは1センチほどの大きさで、白地に紫色のシマ模様があります。また、タテジマフジツボよりやや深い

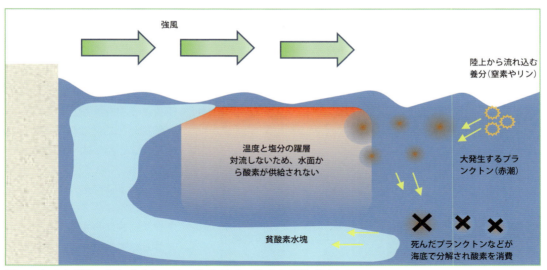

図3 表層水が沖に押し出されると、海底付近の貧酸素水塊が浮上する

ところには白い殻のアメリカフジツボとヨーロッパフジツボがいます。どちらもクロダイ釣りのエサとして地位を確立してしまっているようです。

外来生物はエサとして利用されることも多いですが、これ以上のかく乱を避けるためにも生きたまま海に捨てることはやめましょう。また、釣り具店で売られているゴカイも外国産のものがありますから、あまったからといって海に逃がすのは危険です。

釣り人はメッセンジャー

"まち海"は埋立などにより漁業権が消滅している水域が多く、そうした水域で魚たちが一網打尽にされることはありません。いろいろな規制で立ち入りが禁止されている岸壁もあります。魚たちにとっては保護区が設定されているようなものです。その一方で心配なのはカワウです。カワウは近年個体数が増え、特に川や湖では食害が問題になっている水鳥です。"まち海"を覆い尽くすほどのカワウの犠牲になっている魚の種類と量は心配です（写真③）。くわしい調査に基づいた対策を期待します。

名古屋港水族館では開館以来、"まち海"で採集した魚を記録してきました。伊勢湾の湾奥に位置する名古屋港の中の船溜まりでも60種以上の魚を確認しています。たまたま迷い込んでしまった魚もいるかもしれませんが、将来、"まち海"が魚たちにとってもっと棲みやすい環境になったなら、定住できる種数と考えています。

多くの人びとに"まち海"は環境が悪いので、あまり魚が棲んでいないと思われています。しかし、アングラーは"まち海"に魅力的な魚がいることを体験的に知っています。"まち海"を利用するアングラーは、人と海とのより良い関係を築く大切なメッセンジャーだと信じています。マナーを守りながら、"まち海"の持つ潜在的な魅力をもっと釣り上げていきたいものですね。

③ "まち海"で見かけるカワウの鳥山

#10 タコにラッキョウを検証する
知的なタコは好奇心も豊か

担当生物：熱帯性海洋生物全般
釣歴：30年
釣りジャンル：フライ（トラウト）、ルアー（シーバス）
ホームグラウンド：岐阜、福井周辺渓流部、名古屋港周辺
釣りの夢：熟練のハンターのような状況を読み取る眼力を身に付けて、「どんなタフコンディションでも必ず1匹は釣り上げる！」。そんなボウズ知らずのアングラーが理想です

森　昌範
名古屋港水族館

クロダイにスイカ、タコにラッキョウ？

　幼少のころ、愛読していた釣りの本に不思議なことが書いてありました。子ども向けの本だったので、レベル的に問題はなかったのですが、その内容がにわかに信じられなかったのです。それはスイカをエサにしたクロダイ釣りと、ラッキョウを使ったタコ釣りの解説でした。スイカを使ったクロダイ釣りの解説には、こんなことが書いてあったと思います。「海水浴シーズンは、スイカ割りの残りカスが海に流出することが多い……スイカに慣れているクロダイを狙うならスイカのエサが有効……」。しかも、イラストには水面に浮かぶスイカの切れ端をパクパク食べるクロダイが描かれていたので、幼心にも妙に納得してしまいました。

　その逆で、まったく理解できなかったのが、ラッキョウでタコを釣る話でした。くわしくは覚えていないのですが、「釣りのアイテムとしてラッキョウを使う？　しかも、エサとして？」幼心に芽生えていた釣りのセオリーがあっさりと崩壊した衝撃と、とびきりにミスマッチなインパクトが幼心にインプットさ

れました。

　現在、私は水族館に勤務していますが、タコのエサにラッキョウを使うことはありません。もちろん、タコがエサとしてラッキョウを好むかどうか実際に確認したことはありません。そんなことをしようものなら、「まじめにやれ！」という上司の怒号がすぐに飛んできそうです。いろんな生きものを飼育してきた経験からすると、タコがエサとしてラッキョウを好むとは考えられません。そもそもタコが一生のうちにラッキョウと遭遇することはないはずです。ところがです。水族館でタコを飼育していると、行動や特徴からラッキョウでタコが釣れる理由が垣間見えてきたのです。

　飼育員にとって大切な仕事の一つが水槽のガラス掃除です。観客から生きものがよく見えるようにするためです。ただし、展示水槽は深く、手を入れただけでは隅々まで掃除できない大きさです。だから掃除用具は飼育員が水槽の形や深さに合わせて使いやすいものを自作します。基本的な構造は長い棒の先に食器洗い用のスポンジやブラシを取り付けた簡単なものです（写真①）。そんなスポンジ棒でミズダコの水槽を掃除すると、いつも悩まされることがあります。スポンジ棒にミズダコが抱きついてしまい、掃除ができなくなってしまうのです。ミズダコの抱きつき方はとても熱烈かつ強力で、柔道初心者が黒帯の強

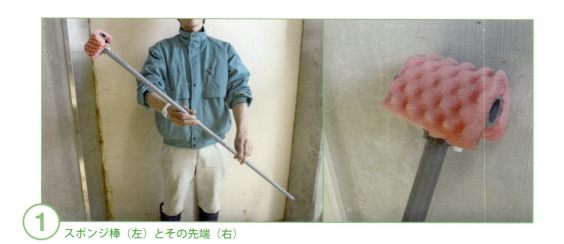

① スポンジ棒（左）とその先端（右）

者に寝技をかけられたかのようです。しかも、タコはときおりそのスポンジ棒を引っ張りこもうともします。そうなったらお手上げです。テキパキと掃除を終わらせたい飼育員にとってはハタ迷惑なものでしかありません。

じつは、ミズダコの「熱烈な抱擁」はスポンジ棒だけでなく、食べ残したエサをすくうための網でも見られます。飼育係がメンテナンスで水槽に手を突っ込んでも抱きついてくる始末です。これらのことから、飼育しているミズダコは水槽の中に入ってくる「異物」に対する反応として、「抱擁」という行動を起こしていることがわかります。

すべては好奇心から

「熱烈な抱擁」とは言っても、ミズダコが「異物」に対していきなり抱きつくことはほとんどありません。決まったプロセスがあります。スポンジ棒でも、網でも、飼育係の手でもファーストコンタクトは一本の腕（触腕）の先端を使ったソフトタッチから始まります（写真②）。その後、少しずつ触れる腕の数が増えていき、最終的には抱きつくのです。このプロセスがスピード感をともなった連続的な動きとなることもあれば、慎重にゆっくりと段階的に抱きついてくることもあります。肝心なのは、タコはむやみやたらに、もしくは、反射的に異物に反応していないということです。異物を好奇心のターゲットとして認識し、正当なプロセスで抱擁しているのです。

多くの生きものが飼育されている水族館でも水槽に入ってくる「異物」に対して、恐れることなく、積極的な反応を見せるのはマダコやミズダコくらいです。タコは無脊椎動物の中でもトップクラスの知能と視覚を持つと言われています。腕の吸盤はとても繊細かつ敏感で、感覚器としての働きもあります。結局、タコは高度な知能ゆえに好奇心が旺盛で、好奇心を満たすため、優れた視覚と感覚器のある腕でアプローチしているのではないでしょうか。

なぜ、ラッキョウ？

子どものころ、ラッキョウをエサにするタコ釣りは、まったく理解できなかったのですが、今はタコとラッキョウの関係がわかってきました。タコに好奇心や興味を抱かせる「異物」としてラッキョウが使われるというだけで、決してタコが好むエサとして使われているのではなかったのです。

では、どうしてラッキョウなのでしょうか？　ラッキョウが使われるのはいくつかの理由があります。まず、タコに好奇心を抱かせるには水中で目立たないといけません。そのため、白っぽい物体であることが重要です。ラッキョウは……白いですね。まさにうってつけです。

② スポンジ棒に抱きつくミズダコ

やすい要素を兼ね備えたものがラッキョウだったのです。ということは、白くて安くて適度な大きさ、硬さのものであればタコ釣りに活用できるということです。実際にラッキョウの代わりに消しゴムや、適当な大きさに切った大根が使われることもあるくらいです。ほかにも使えそうなものがあるはずです。オリジナルのエサを考えるのもタコ釣りの醍醐味なのかもしれません。

人生初のタコ釣りで納得

とはいっても実際にタコ釣りに出かけたことがなかった私にチャンスが訪れました。

「マダコ大漁！」の情報が入り、職場の後輩たちと船からのマダコ釣りに初挑戦です。私は、後輩に仕掛けの準備をすべてお願いしました。釣りでは大先輩である彼はポイントに到着するまでの間に手際よくタックルの準備を整えてくれたのです。ところが、できあがって手渡された仕掛けを見て度肝を抜かれました。なんと、ジギングに使うジグ（100グラム程度）のフロントアイに2つのエギがぶら下がっていたのです（写真③）。これまで見たことも聞いたこともないようなトリッキーな仕掛けです。後輩いわく、「水深20～30メートルの海底まで沈めた仕掛けを踊らせるように操るのがコツ」とのことでした。要

次にコストパフォーマンスです。これは釣り全般に言えることですが、いくら釣れるエサであっても、高価なエサは使いたくありません。ましてや、釣れるエサであっても必ず釣果に結びつくとは限りません。高価なエサを使ってボウズをくらった日には、精神的ダメージが大きくなります。その点、ラッキョウであればスーパーやコンビニでも安く売っているし、残れば食用に使えるので、やっぱりうってつけです。

最後の理由、それは適度な大きさと硬さです。タコが抱きつくことができないほどの大きさでは意味がないし、反対に小さすぎても目立ちません。さらに、針持ちの良さという点から、硬さも重要なファクターとなります。仮に、ラッキョウがナタデココのような硬さなら、1尾釣れるごとにズタボロとなって、交換を余儀なくされてしまいます。これでは手返しよく釣りをすることができません。その点、歯ごたえがいいラッキョウは針持ちがする適度な硬さで、やっぱりうってつけなのです。

つまり、大きさ、白さ、安さ、硬さなどなど、エサとして扱い

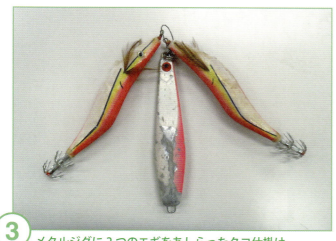

③ メタルジグに2つのエギをあしらったタコ仕掛け

は、マダコの好奇心をくすぐることを優先し、海底でもド派手に目立つ仕掛けというわけだったのです。ルアーの本質である「エサに似せるリアリティー」は度外視です。

ポイントに着いて、早速、釣り開始です。ロッドを上下させてマダコを誘っていると、「じわ〜っ」と重みが伝わってきました。海底に身を潜めていたマダコがまさに仕掛けに興味を示して抱きついた合図です。同時に、水槽のマダコがスポンジ棒に抱きつく姿を連想させてくれます。仕掛けの動きに興味を示し、近づいたマダコは水槽と同じように、きっと一本の腕でファーストコンタクトしてから、抱きついているのでしょう。イメージどおりに、次から次へと釣れるマダコで、すぐにクーラーボックスが満杯になりました。

ほっと一息ついたころ、周りの人の仕掛けが気になりました。それで、隣の人の仕掛けを見ると、またびっくり！ ジグ＋エギの組み合わせに、さらに大きめの短冊状に切ったコンビニ袋を結び付けていました。「これでもか！」というくらいのド派手な目立ちっぷりです。一瞬、海底に沈んでいたビニール袋のゴミが引っ掛かったのかと勘違いし、二度見したほどです。

私たちよりもトリッキーな仕掛けに、マダコだけでなくついつい私も興味を示してしまったのです。もし、私がマダコだったら簡単に釣られてしまうタイプなんだろうな……と妙な確信を持った人生初のタコ釣りでした。

タッチで味見するタコ

笘野　哲史・海野　徹也（広島大学大学院生物圏科学研究科）

　私たちが味を感じることができるのは舌に味を受け取る受容器（味蕾）があるからです。口の中に食べ物を入れると味蕾は食べ物のうまみ物質（刺激物質）を受け取って、それを脳に伝えることで味がわかります。水の中に棲んでいる魚の舌にも味蕾があります。魚種によっては、くちびる、顔面、ヒゲにまで味蕾があるのです。さらに、魚と人間との味の受容には違いがあります。私たちに口の中に食べ物を入れたときから味を感じますが、魚は口の中に食べ物を入れなくても、少し離れた食べ物の味見ができるのです。なぜなら、水が媒体となってうまみ物質が味蕾に到達するからです。

　タコは口の周りに味を感じる受容器を持っています。ですから、魚と同じように非接触でエサの味がわかるのでしょう。もっとすごいのは、タコは腕にも味やニオイを感じる受容器を持っているのです。タコの腕の受容器は吸盤の縁に多いようです。腕に受容器があるということは、私たちの手足に味蕾があるようなものです。ということは、タコは食べ物をタッチするだけで味がわかるということです。さらに、味のベースになっている物質が水に溶けるので、食べ物に腕を近づけるだけで味がわかることになりますね。

　実際にタコはどんな味を感じているのでしょう。タコを二股に分かれたY字型の水槽にいれ、一方からアミノ酸を流し込んだところ、迷いなくアミノ酸方向を選んだそうです。また、核酸関連物質でも同じ結果だったそうです。興味深いことに、このような選択性はタコの嗅覚様器官を壊しても成立したということです。タコの腕の力、すごいですね。

　タコの好物はカニというのが釣り人の常識です。本当はどうなのでしょう。タコを飼育している水槽にカニを入れると、興奮して呼吸回数が増加するそうです。また、タコの飼育水槽にカニのエキスを入れると、タコはエキスの方向に引き寄せられるそうです。タコを引きつける物質として知られているのは、カニなどの節足動物に多く含まれているベタインです。タコたちはベタインの強い刺激に酔いしれてしまうこともあるそうです。

　タッチすることで味がわかるタコは、プロリン、グリシン、グルタミン酸（アミノ酸）、アデノシン1リン酸や3リン酸（核酸関連物質）、ベタインに刺激されるのです。これらは、魚の味覚を刺激する物質としても知られています。そのほか、私たちと同じように、糖、酸、苦味の判別ができます。その感度は私たちより10〜1,000倍の感度があるとも言われています。たとえば、マダコは海水中の10^{-5}M（モル）の塩化カリウムを苦味として感知できるようです。これは10トンの海水に、小さじ1杯程度の塩化カリウムを入れたくらいの量です。

　一説には、タコの吸盤1つに約1万個の受容器があると言われています。タコの腕（足）は8本で、腕1本につき約200個の吸盤がありますから、タコは約1,600万個の受容器を持っていることになります。味蕾の数は、魚で3,500〜18,000個、ヒトで2,000〜5,000個です。タコは私たちの想像以上にグルメ派ということになりそうですね。

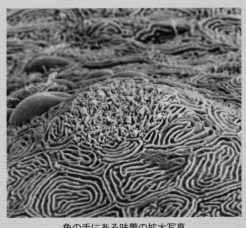

魚の舌にある味蕾の拡大写真

クロマグロと水族館

吉田　剛（串本海中公園水族館）

　最近、マグロを展示している水族館もあります。ただし、数えるくらいの園館数です。理由は、マグロの生態にあります。まず、ハンドリングや輸送の問題です。マグロは高速で泳ぐために体表の抵抗を減らす必要があります。ですからウロコは小さく薄くなっています。そんなウロコで被われているマグロの体表は少しスレただけで致命傷になります。網ですくうことができないのは当然で、体が接触するような小さなイケスや水槽は輸送に使えないのです。また、マグロは口とエラを常に開けた状態で泳ぎながら、水に溶けた酸素を取り入れています。小さな運搬水槽で泳ぎを制限してしまうと、酸欠になって死んでしまいます。

　飼育の問題もあります。泳ぎ続けるマグロのエネルギー源はエサです。大食いのマグロのために、たくさんのエサをキープするのは大変な出費です。しかも、エサがあれば大丈夫ということもありません。マグロの視力や動体視力は魚の中でトップクラスです。なので、水槽ではおく病で神経質な魚です。たとえば、エサを投げいれるとマグロは猛スピードで近づきますが、食べようとした瞬間にほかの魚が前を横切るとビビって反転してしまうほどです。エサがたくさんあっても、食べさせるのに工夫が必要なのです。もう一つ、決まって飼育員を悩ませることがあります。それは激突死です。マグロは視力が良くて音に敏感なので、ちょっとした光の変化や音でパニックになり、壁に激突して命を落とすことが多いのです。

　水族館でのマグロの飼育、展示はいろいろな問題があるのですが、理想的な飼育環境は、大型の円形で一定方向の水流を作ることでマグロを泳がせる、水槽には障害物が存在しない、光条件は一定で防音設備がある、飼育はマグロ一種だけ……などでしょう。

　じつは、当館でもクロマグロを飼育しています！　しかし、水槽は長方形、一定方向の水流や防音設備もありません。水槽の中には擬岩やトンネルなどの障害物があって、混泳種がたくさんいます。つまり、マグロにとって、とんでもない環境です。では、なぜマグロが飼えているのでしょうか？　種明かしをすると「養殖マグロ」だからです。養殖魚は産まれた時から水槽やイケスで育っているため、水族館の狭い水槽にも慣れやすく、しっかりと壁を避けることができます。また、冷凍エサや人工エサで餌付けしてあるので水族館に搬入した直後からエサを食べてくれます。さらに、私たちの場合、近くに養殖業者さんがあったので輸送時間も短く、ストレスを最小限にすることができたのです。

　釣りの世界で言えば、マグロはパワー、スピード、スタミナがずば抜けていて、ルアーによるキャスティングゲームはルアーマンの憧れ、最高峰でしょう。釣ってきた天然マグロは水族館で展示できないでしょうか？　幼魚であること、麻酔が利用できること、釣場から水族館が近いこと、船が横付けできるような水族館であること、飼育に適した水槽や設備があること、これらを満たしている水族館ならば不可能ではないと思います。いつか釣り好き飼育員も展示用のマグロを釣りに行く日が来ると信じています。

クロマグロと著者（左）、串本海中公園水族館のマグロ水槽上部（右）

#11 水族館発！新感覚エギング
アワセからスレ対策まで

担当動物：海水魚類、アメリカビーバー
釣り歴：20年
釣りジャンル：エギング、ルアー全般
ホームグラウンド：伊勢志摩
釣りの夢：世界中のイカをエギングで釣ること

辻　晴仁
鳥羽水族館

先入観を覆す

　私はアオリイカの飼育も担当しています。そして、飼育観察からひらめきをビシバシとエギングに応用しているエギンガーでもあります。エギンガーの皆さまと共通の疑問を持っていますし、お悩みも理解できます。たとえば、エギングでいろいろなアタリを経験されると思います。「コツン」と触腕イカパンチを確認してからドシッと重くなる典型的なパターン。いきなりひったくっていく攻撃的なパターン。よくわからないけどアワセてみたら乗ったという結果オーライ的なパターンなどです。最近のエギングロッドは高感度で、拾えるアタリの量や質が飛躍的にアップしているはずですが、軟体動物特有のモザイクのかかったような不明瞭なアタリは気持ちのいいものではありません。

　そんなアタリの対策として、私から提案するのは「聞く」ことです。「聞く」というのは、アタリかどうか半信半疑のとき、ラインにテンションをかけることで生命反応の有無を確かめることです。反面、「テンションをかけるとイカに違和感を与えるよ！」という人もいます。実際はどうでしょう。水族館でアオリイカのエサの食べ方を観察していると、そんな心配は無用でした。

　アオリイカが触腕でエサにタッチする部位ですが、部位は決まっていなくて、傾向もないようです。エサをとらえた瞬間はエサキープが優先ですから、場当たり的とも思えるような、いろいろな抱き方をします。おもしろいのは、その後、ほとんどの個体が「エサの持ち直し行

① 活きアジをしっかりと抱くアオリイカ

② アオリイカにかじられたエギ

動」に入ることです。この「エサの持ち直し行動」は、イカが捕らえたエサが逃げるチャンスを奪い、拘束するのに一番よいポジションを取るためです。個体差もありますが、アタックしてから最初の持ち直し行動までは約10秒ほどです。だから、この間は、ラインテンションをかけて「聞く」のも問題ないと思います。私も実際の釣行で「聞く」をよく使います。聞き方はいろいろあると思いますが、私は竿で軽くさびいて、竿先で感じる重みで判断しています。

余談ですが、アオリイカはカラストンビでかじり潰す前にも「エサの持ち直し行動」を行います。もぞもぞとエサを動かして、お気に入りのポジションにエサを固定し、エサ（アジ）の頭部後ろからかじり始める個体がほとんどでした（写真①）。ちなみにエギもアジと同じように、カラストンビでかじられる部位は後方背中側が多いです（写真②）。ここまでガッチリ抱かせると、アワセはバッチリ決まりそうですね。ただし、エギは味がしません。イカが味見して「マズイ！」と判断したら、「さよなら！」ということもあるので、あまりのんびりするのもどうかと思います。

シャクリ効果はトリッキー？

エギングでシャクらない人はいませんね。では、シャクリは

③ アオリイカたちと仲よく生活するアジ

どのような影響を与えているのでしょうか。水槽観察から考えてみました。

水槽で飼育しているアオリイカはとても神経質で、人影や物音に敏感で、墨を吐いてしまうこともあるのです。だから、イカにエサを食べさせるのは苦労しています。そんなアオリイカが一番反応するのは活きエサです。20パイのアオリイカがいる水槽に小アジ100尾を投入したことがあります。反応がよく、すべてのアオリイカがアジを捕食したので、アジの数は80尾くらいになりました。4日もすればアジは全滅だろうと予想していたのです。ところが、1週間たってもいっこうに減らないのです（写真③）。もちろん、水槽の底にも残餌（食べ残したアジの頭部など）も落ちていませんでした。

「なぜだろう？　お腹いっぱいかな？　アジに飽きてしまったのかな？」と考えていました。あるとき、予想以上に生き残っているアジたちにエサ（アミエビ）を投入しました。エサを食べにアジがパシャパシャと集まってきました。ここまでは予想どおりですが、次の瞬間、アオリイカがアジに襲いかかり、みるみる犠牲になったのです。

では、アオリイカの捕食スイッチとは何でしょうか。ヒントは飼育水槽に慣れてしまった魚は狙われにくいということです。それに対して、魚でも水槽に移された直後は新しい環境に驚き、岩や壁にぶつかったりします。体はじっとしていても、呼吸が激しくなりエラはパクパクです。落ち着いた魚とは違った、ある種のトリッキーな動きはアオリイカの捕食行動を誘発するのでしょう。今回、水槽に慣れたアジが突然「アミを食べる」というトリッキーな行動がアオリイカの捕食スイッチをオンにしたと思います。

こんなこともあります。水族館のアオリイカの飼育は、基本的には活きアジを与えています。理由は年中、安定してキープできるからです。しかし、毎日、アジを与えていると反応が鈍くなるのです。エサを食べないイカは衰弱するので、なんとか食べさせなければいけません。そ

職員でタブーとなっている黒い網（左）

ブラックカラーでシンカーを削ったエギ

うなるとエサの変更が効果的です。アジの代わりにいろいろなエサを与えますが、好物は、サッパ、イサキ、ネンブツダイ、チャガラとなります。その際に一番反応するのがサッパです。原因はおそらく泳ぎ方にあると思います。サッパはいつも体を左右にくねらせて動くトリッキーな泳ぎです。このサッパの遊泳姿勢や遊泳音がアオリイカに捕食スイッチを入れるようです。

長くなりましたが、エギングでシャクるというのは、まさにトリッキーな動きの典型ではないでしょうか。通常の魚がやらないようなシャクリ運動は、アオリイカの捕食スイッチをオンにするのです。

ここでもう一つ。水槽のアオリイカは活きエサの遊泳スピードが速すぎると、見失ったり、追い切れなくなることがあります。そういったときは飼育員がアジを少し弱らせてから投入するとうまく抱いてくれます。ですから、初心者や女性でうまくシャクれない人は5回転ほど遅めのリトリーブ（リールの巻き取り）を入れてストップの繰り返しをオススメします。意外と釣れちゃったりしますよ。

ブラックとドシャローエギングのすすめ

イカの眼には明暗に反応する桿体状視細胞しかありません。イカの眺めている世界は白黒にしか見えないことになります。イカがどれほどの白黒コントラストを見極めるかはわかっていませんが、水槽を管理する際に、飼育員たちには絶対やっていけないことがあります。それは、黒い網を水槽へ入れることです（写真④）。普通、水槽の生きもののフンや食べ残しは網ですくい取ります。しかし、イカ水槽の場合、黒い網はあまり使わないようにしています。なぜなら、イカが驚いて墨を吐いてしまうからです。この黒い網への反応も照明を点灯した直後の水槽、すなわち薄明かりの水槽で高確率に見られるのです。これは、裏を返すと薄明かりの中では黒色はよく見えていることを意味していると思います。

少し話は変わりますが、エギンガーたちには「イカはフォール中にアタる！」という定説があります。これは本当で、ターゲットを見つけたアオリイカは、腕先がターゲット方向に向くように方向転換し、狙いを定めて触腕でアタックします。このとき、触腕がピーンと直線状態をキープするのが大変らしく、先端部分は重力に逆らわずに少しばかり下方向に向きます。アオリイカが獲物に襲いかかるのも同じで、重力方向に逆らわないように上から下へのアタックが得意なのです。

ところがです。アオリイカが自分より上にいるターゲットにも果敢に攻撃することもあるのです。捕食成功率はダントツで下狙いが有利なのですが、必要なら上方向でもアタックするのです。一方、アオリイカが、夜間、水深1メートル以浅のドシャローにエサを食べに来遊してくることはご存じでしょうか？　私のドシャローの攻略方法は、まず、市販されているエギのシンカーをギリギリまで削ります。そしてエギのカラーを

⑥ 自分の写像にタッチするハナイカ

⑦ ボディーをミラーシートで被ったエギ

ブラックに塗ってしまうのです（写真⑤）。ブラック＆ドシャローエギをゆっくりと水面付近を漂わせるようなイメージで流していきます。アタリがあっても、アオリイカは上方向へのアタックが苦手なので、早アワセは禁物です。

そして、「シャローエリアは意外な竿抜けポイント！」、「薄明かりのアオリイカは黒に反応！」、「アオリイカは必要なら上方向でもアタック！」するということで、ブラック＆ドシャローエギングが誕生しました。ただし、それが楽しめるのは薄明かりの満月の夜に限定されますが、よろしければお試しください。

アタックには二つの「気持ち」

エギの色は、ピンク、オレンジといった定番カラーから、今ではケイムラまで販売されています。エギの下地も金、赤、虹色テープなどなどです。エギの色が多彩な理由は、エギの色をチェンジすることでスレイカに効果的というものです。エギの色のチェンジがスレイカに効果的かどうか、私なりに考察してみます。まずは、スレについて考えてみましょう。

水族館のアオリイカにエサを食べさせることは飼育員としても大切な仕事です。しかし、同じエサを与え続けると食べなくなるのです。これが、水槽内で起こるスレです。仲間が釣り上げられたという恐怖心とか、エギが偽物という懐疑心から生じるスレもありますが、同じエサに飽きてしまうスレもあるのです。こうしたスレはアオリイカのみに限らず、コウイカ、カミナリイカ、ハナイカ、コブシメも同じです。スレは深刻で、いつかは食べるであろうというものではなく、死に至るまで食べないということもあります。「スレる」とか「飽きる」というレベルを越えていますね。もしかしたらイカには空腹に耐える！というような気持ちや感情がないのでは？と思うほどです。

逆に、アオリイカがエサにアタックするときには二つの「気持ち」が混在していると思っています。一つは捕食したいという気持ち。もう一つは好奇心です。写真⑥はガラス面にハナイカが腕を接触させているところです。じつは、水槽内のイカから観客側を見ると、反射して自分自身の姿が映るのです。自分の虚像に好奇心を持ったイカは、それにタッチしようとしているのです。このようにイカは好奇心旺盛です。

最後に、エギカラーのチェンジについてです。まず、毎回、新しい群れが回遊してくるようなポイントではスレに対する心配は無用で、同じような定番カラーでOKということになります。漁港内のような閉鎖的なポイントでは個体の入れかわりが少なく、釣獲圧によってスレた個体が多くなります。こんな場合、好奇心をそそるためカラーチェンジは有効です。私の場合、エギの全身を鏡張りにして、イカの好奇心を最大限引き出すことに努めています（写真⑦）。

アオリイカの生態についてわからないことがあれば、遠慮なく聞いてください。自慢のアオリイカ水槽でじっくりと釣り談議を披露させていただきます！

#12 メジナ釣りの魅力
エサへのアプローチと感覚器の世界

担当生物：ペンギン、古代魚
釣り歴：35年
釣りジャンル：磯釣り
ホームグラウンド：三重県志摩半島の磯
釣りの夢：50センチオーバーのメジナを釣る！

神村　健一郎
志摩マリンランド
（2021年3月31日閉館）

釣ってよし、食べてよし、寒のメジナ

　私が紹介するのは磯釣りで一番人気のあるメジナです（写真①）。世界中のメジナの仲間は16種で、日本にはメジナ、クロメジナ、オキナメジナの3種がいます。このうち釣り対象になっているのがメジナとクロメジナで、関西ではグレと呼ばれています。メジナの食べ物は海藻類です。ベジタリアンですが、遊泳スピードとパワーはものすごくて、多くの磯釣り愛好家を魅了しています。しかも、警戒心が強いので、釣り上げるにはテクニックが必要で、全国規模の釣り大会も開催されているのです。

　メジナ釣りのシーズンは冬から春先の12〜3月、水温は13〜15℃と低く安定した時期です。特に、冬のメジナは寒メジナ（寒グレ）と呼ばれています。ミニサイズのメジナはほとんどいなくなり、居付きのビッグサイズが狙えます。もう一つ、私がメジナに魅せられていったのは寒メジナの味です。刺身は最高、煮付けでも美味です。最近では漁師さんに教えていただいた"メジナしゃぶしゃぶ"にはまっています。皮付きの身を薄く切ったしゃぶしゃぶは絶品です。

地磯に魅せられる

　メジナは磯で狙う魚で、瀬渡し船（渡船）で沖磯に送迎してもらうこともできます。というか、そういう磯釣りが主体です。私が通っているのは陸続きで歩いていける地磯です。車を横付けして簡単に歩いていけるような地磯は釣り人がたくさん訪れますから、釣獲プレッシャーも高く、メジナもスレてしまいます。ですから、少し危険ではありますが、あまり釣り人が来ないような地磯に通っています。山道に車を駐車し、眼下の磯場までけもの道を下り、崖があればロープを使って降りるのです。荷物ですが、エサや道具は登山用リュックで背負い、竿ケースをタスキ掛けすることで両手をフリーの状態にするのがコツです。

　こうした地磯には県外の釣り

① 著者と磯魚のメジナ

地磯での夜明け

人にはめったにいませんが、シーズンになると、地元の熱狂的なメジナ釣り師たちが朝早くから場所の取り合いをすることもあります。私はサービス業なので平日が休みです。幸いにも釣り師たちとのバッティングは少なく、大型メジナをじっくりと狙えています。

釣り場にもよりますが、私が通っている磯場周辺は、12〜3月下旬まではイセエビ漁が盛んです。午後2時くらいになるとイセエビ網が入るので、それまでが勝負です！　時間制限があると、気合いというか、集中力が続きます。釣ったメジナを夕食に楽しむこともOKです。そして何よりも、釣りすぎによる場荒れが回避できると思います。

地磯は到着するまでの道のりには危険をともないます。にもかかわらず、場所の取り合いもあるので、夜が明けるか明けないかの真っ暗な道を歩いていきます。そうそう、釣り座が低い磯場は波が高いと危険です。前日には天気予報を入念にチェックしましょう。

危険がともなう地磯でのメジナ釣りですが、良いこともあります。早起きをして、運動しながら現場へ行くのは健康的です。仕掛けやエサの準備をしているときに東の空から明るくなります。冬は空気が澄んでいますからとてもキレイな日の出です（写真②）。

ウキフカセのタックル

釣りの仕掛けは、ウキフカセ釣りという釣法です。ウキフカセ釣りはメジナ釣りから生まれた釣法で、タックルは磯竿とウキが基本です。竿は5メートルほどの磯竿を使います。リールはメジナの強烈な引きに対応できるように逆転レバーブレーキが付いています。ウキは円すいウキで、浅瀬から深場までの水深を幅広く探れるウキです。

仕掛けは道糸にウキ止めを付け、円すいウキを通し、糸絡み防止クッションゴムを固定し、サルカン（よりもどし）を結び付け、フロロカーボンハリスを4メートルほど結び、その先に針を結びます。針はメジナ用の針を使用します。ウキのサイズは、ポイントが遠くの場合や風が強い場合にサイズを大きくします。狙う深さはウキ止めの位置を移動して調節します。基本、ウキの浮力に釣り合ったガン玉（おもり）をハリスに付け、ウキの残浮力をゼロにします。深い層までエサを確実に届けたい場合は、ウキの浮力を大きくし、ガン玉も大きくします。応用編として、浮き止めを付けずに幅広い層を狙う釣り方や、ウキごとを沈めながら釣る方法などもあります。

針に付けるエサの種類ですが、動物プランクトンのオキアミを使います。ウキフカセ釣りに大切なのはコマセ（まきエサ）です。コマセをまくとメジナの警戒心が弱まり、表層近くにまで乱舞するようになります。そうした状況になると仕掛けを投入します。付けエサとコマセを同調させながら流し、メジナたちに違和感なくエサを食わせるのです。

コマセですが、オキアミ3キログラムとメジナ用の配合エサのミックスが基本。これらをバッカンと呼ばれるストッカーで混ぜ合わせます。そのほかの必要アイテムとしては、オキアミを砕いたり、コマセを混ぜ合

ウキフカセ釣りで必要なアイテム

④ メジナが好む磯のサラシと沈み根

わせたりするマゼラー、コマセに適度の水を加えるための水汲みバケツ、コマセをポイントにまくためのシャク、エサ入れなどが必要です（写真③）。

テクニカルです！

メジナたちが生息している磯は、沈み根だらけです（写真④）。波が磯に当たり砕け、真っ白な泡が出るようなサラシ場はメジナたちが好むポイントです。気泡のカーテンで死角になりますからメジナたちは安心しています。跳ね返りの波でエサも運ばれるという絶好のポイントなのです。沖に沈んでいる沈み根も大型メジナが潜む好ポイントです。流れの微妙な変化をたよりに、海底の地形を想定しながらメジナの潜んでいるポイントに仕掛けを流します。さらに、沖の沈み根がダメなら、磯際（足元）などのオーバーハングを狙います。メジナたちは状況によってヒットポイントがコロコロ変わるので、ポイントを見極める判断力がカギです。

メジナは沈み根や岩の割れ目に潜んでいますので、仕掛けを流すコースがマズイとすぐに根掛かりします。沈み根の周りは、せっかくメジナがヒットしてもラインブレイクする可能性が大です。絶妙なタックル操作で大型メジナが潜んでいるシモリの周辺を攻め、ヒットしたらスリル満点のファイトが味わえるのがメジナ釣りの醍醐味です。

かといって、繊細さが要求されるのもメジナ釣りです。冬の海は北風が強烈に強く、ウキや糸が風の抵抗を受け、思ったところに仕掛けが流れてくれません。メジナ釣りではコマセとサシエが同じところを流れるのがセオリーですが、これが非常にむずかしくなります。ウキが水面に出ないようにギリギリまでウキの残浮力をなくしたり、場合によってはウキが沈むくらいの浮力に調整します。糸を細くすると抵抗は小さくなりますが、ラインブレイクの確率が高くなります。

サシエのオキアミをメジナに食わせるのも簡単ではありません。私も"警戒心の強いメジナにいかに違和感なくオキアミを食わせるか！"を試行錯誤しています。たとえば、オキアミの頭部や尾部を取ることで飲み込みやすいサイズにしたり、硬い殻を取り除いたムキ身にすることで食い込みを良くしたりしています。針の色をオキアミカラーにしたり、ガン玉の色を海水と同色にしたりする工夫をしています。

警戒心が強い！

私が若いころ、少しだけメジナの飼育を担当していました。水槽のメジナをよく観察していると、メジナ釣りのむずかしさというものがよくわかります。

まず、エサへの接近や、食べる瞬間の話をします。普段水槽のメジナたちは、ブロックと石でできた岩陰に潜んでいます。自然界のメジナと同じですね。エサを投下しても、メジナはすぐに反応して水面近くでエサを食べません。投下したエサをじっといろいろな角度から見ていて、食べるときは瞬時にエサに接近し、くわえたらサーッともとの居場所に戻ります（写真⑤）。釣りの場合、水面のウキが一瞬で消えたり、竿ごと引き込まれるようなアタリがあるのも納得です。このようにメジナは泳ぎ回りながらエサを食べるのではなく、エサが落ちてくるのを待って瞬発的に食べるタイプということです。警戒心が強く、臆病なのでしょう。

余談ですが、水槽内で急激な水温の変化があると、岩陰に隠れてしまい、エサを与えてもまったく食べなくなってしまうのです。また、そうした現象は物音を立てたときも同じです。物音の振動が水槽内のメジナに

⑤ 岩陰に潜むメジナたち（左）と、エサのオキアミをくわえた瞬間（右）

釣りと観察

　釣り魚のメジナがエサを食べるまでの感覚器の役割について説明しました。視覚、嗅覚、味覚という難関をクリアしなければ魚は釣れないのです。こんなことを書くと「釣りって難しいな……！」ということになってしまいますね。ご安心ください。私たちはメジナの嗅覚や味覚を利用しているのです。だからこそ、メジナたちはオキアミのエキス成分に誘引されてしまい、生涯、一度も遭遇したこともない南極のオキアミに食いつくのではないでしょうか？　最初にオキアミをメジナ釣りのエサに使った釣り人はあっぱれですね。
　私は小さいころから大好きな魚と釣りに恋い焦がれ、気が付けば水族館飼育員。水族館ではペンギンや古代魚たちの担当ですが、魚のエサやりになると、摂餌パターン、反応、行動をついつい釣りと照らし合わせてしまいます。そして、こっそり、今は担当外のメジナを食い入るように観察してしまうのです。いつか50センチオーバーに出会えるよう地磯を翔まわる一方で、コツコツとメジナを研究している毎日です。

　伝わるからです。自然界のメジナたちも急激な水温の変化や物音に非常に敏感だと思います。

ニオイと味を感じている

　メジナ釣りの定番のエサはオキアミです。オキアミもいろいろあって、冷凍された生オキアミ、スチームボイルでエサ持ちをよくしたオキアミボイルが主流です。さらに、エサ持ちがよく、集魚効果がある加工オキアミも市販されています。実際メジナたちの反応はどうでしょうか。自分の飼育していたメジナに試したことがあります。結果、やはり味やニオイで優る生オキアミや加工オキアミの食いつきは非常によく、オキアミボイルは残りました。食い渋る厳寒の海での寒メジナは生オキアミや加工オキアミは有効といえます。
　メジナは嗅覚器でニオイを、味覚器で味を感じています。エサに対しては、視覚でエサを探しながら、ニオイも利用してエサへと近づいていきます。エサの飲み込みに関係する味見は味覚器で行います。受容器である味蕾細胞は舌だけではなく、口の中、エラ、くちびるにもあります。それと、味は海水を通して味蕾に伝達されます。私たち人間のように舌との接触が味見の絶対条件ではないのです。メジナはエサを口の中に入れなくても少しはなれたところからエサの味を判断することができるということですね。
　それと、私たちの感じるニオイは空気を漂うような揮発性物質なのですが、魚は水に溶ける水溶性物質を感じます。しかも、嗅覚と味覚を刺激する共通の水溶性物質があります。それは、タンパク質が分解してできたアミノ酸です。生オキアミ、加工オキアミ、オキアミボイルでエサの食いつきが違ったのは、アミノ酸エキスの量が生オキアミ、加工オキアミに多く、メジナの嗅覚や味覚を刺激したからではないでしょうか。

#13 アオリイカ飼育日誌
飼育してわかった若イカの不思議

担当生物：アザラシ、トド、ラッコ、カワウソ、ペンギンなど
釣歴：35年
釣りジャンル：川スズキのルアー、青物のショアジギング
ホームグラウンド：阿賀野川、新潟市周辺の港湾施設
釣りの夢：老後に南の島でのんびりと小物のショアゲーム

井村　洋之
新潟市水族館マリンピア日本海

① ビニール袋を入れた収容バケツと電池式エアーポンプ

カンナ傷は治る

　新潟市水族館マリンピア日本海がある新潟市の海岸には、かつて広大な砂浜が広がっていました。昭和30年代からひどくなった海岸浸食の対策として護岸工事が行われてきた結果、消波ブロックが入り組む人工の岩礁性海岸になって、アオリイカも手軽に釣れるポイントになっています。私の趣味の一つはアオリイカのエギングです。今は、アザラシやトド、ペンギンなどを担当する部署ですが、以前は魚担当だったのでアオリイカも展示飼育していました。

　水族館周辺では、例年、お盆を過ぎたころから小さなアオリイカがエギを追うようになり、9月に10センチくらいのチビイカになります。このサイズを釣獲して展示に使います。なるべく早い時期にチビイカを集めると展示も長くなります。そして、チビイカは釣獲のダメージも少なく、水槽までの輸送も楽です。

　展示用のアオリイカの釣り方は、リールのドラグを緩める以外は普通のエギングです。取り込む前にはひと工夫します。イカは足元に寄せるまでに墨を吐きますが、完全には出し切っていません。エギにぶら下がった状態で引き上げたイカを、何回か軽く海面に落とすのです。そうすると、その度に墨を噴射して、やがて海水しか出さなくなります。落とす高さは水面20～30センチ上なのでダメージはありません。こうして墨を吐かせたイカを、ビニール袋を入れた収容バケツに収容します。エアーポンプを入れて、ときどき水を換えれば、2、3ハイは1つのバケツで活かしておくことができます（写真①）。

　ところで、エギングで集めたイカにはエギのカンナ傷があります。でも、ご心配なく。腕の傷は数日で回復します。触腕も重症でない限り、釣られた翌日から活きエサを捕らえることができます。もしチビイカが釣れた場合はリリースしてやりましょう。リリースのためにはチビイカをやさしく扱うことが前提ですが、コツはイカをなるべく手で触らないとか、地面につけないことです。

　水槽に入れたチビイカは環境に慣れるまでの数日は活きエサ

しか食べません。そのため、飼育の前には小アジを釣りで集めます。あまり多くチビイカを飼育すると活きエサの確保も大変です。アオリイカの資源保護にも良くないので、必要最小限の10〜15ハイくらいの採集にしています。こうして9月に展示した若イカはすくすくと大きくなって、翌年の6〜7月に成熟して寿命を迎えるまでの約10か月間、飼育展示が可能です。アオリイカの寿命は1年と言われていますが、その通りです。1年以上、生き延びたアオリイカはいません。

以後、約10か月にわたる飼育体験を通じて知り得たアオリイカの不思議な生態をお話します。

若イカに忌避物質がある？

展示のために水族館に持ち帰ったほとんどのチビイカは元気ですが、中にはひん死の個体もいます。放っておくと水質が悪くなりますので、すくい上げてゴミ箱に……待てよ！ 自然の恵みを粗末にしたくはありません。普段は調理して食べますが、釣りから帰ってお腹がすいているし、新鮮なイカを丸ごと食べたいという衝動で、まだ死んでいないイカの胴体にかじりついたことがあります。しかし、結果はとても食べられるものではなく、強い苦味と渋味を感じました。試しに触腕だけを食べてもこんな味はしません。イカの胴体の表皮でこの味がするようです。

アオリイカの卵は卵嚢（らんのう）の中に連なっています。卵嚢はゼリー状の物質で卵を保護しています。しかも、ゼリー状の物質の中にはバクテリアが存在し、バクテリアが魚の嫌がる忌避物質（きひぶっしつ）をつくっていると考えられています。産み付けられたアオリイカの卵が白くて、目立つのに、魚に食べられないのはこうした忌避物質があるためなのでしょう。

その後も数回、新鮮なチビイカを食べる機会がありましたが、やっぱりこの苦くて渋い味がしました。体表の苦味と渋味のもとになる物質はバクテリア由来なのか、イカ自身がつくっているのか不明ですが、何らかの忌避物質が存在するかもしれません。この謎の物質は成長すればなくなるのか？ 熱処理をすれば変性して効力を失うのか？ などを調べておけばよかったと思っています。仮にバクテリアなど、ほかの生物に由来しているとすると、シガテラのような海域性や季節性も研究対象です。

活きたイカをかじるような食い意地の張った人がいないのか、チビイカが釣れるような釣りをされていないのか、それとも、チビイカが釣れたら即リリースされているのか、少なくとも私の周りではチビイカの苦味と渋味の話は聞いたことがなかったのでここで紹介しました。読者の中には、こうした経験をされた方もいると信じています。若イカの苦味と渋味の原因になっている未知の物質については今後の研究を待ちたいと思います。なお、若イカを口にした後に腹痛やしびれなどの体調変化は特にありませんのでご心配なく。

1日で消化

展示中のアオリイカは観客の動きに敏感です。イカからは観客を見えにくくするため、水槽中央にスポットライトを当て、逆に、周囲はなるべく暗くします（図1）。すると思わぬ収穫

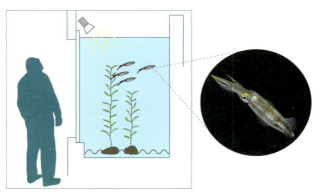

図1 アオリイカ展示水槽の略図（左）と展示中のアオリイカ（右）

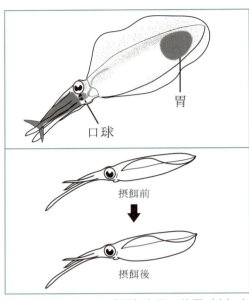

図2 チビイカの口球顎板と胃の位置（上）と摂餌前後の体形変化（下）

もあります。スポットライトの当たったチビイカの体の中の様子が透けて見えるのです。普段は見えない口球内の黒い顎板（カラストンビ）でエサをかみ切っている様子や、胃にエサが送られ膨らんでいく様子が透視できます。食べ物で胃が膨らむと、空腹時には細かった胴体下側は太くなり、丸みを帯びた体形に変わっていきます（図2）。

外見でもわかるほど腹いっぱいにエサを食べるアオリイカですが、消化吸収は早く、前日にお腹いっぱい食べても翌日には空になります。こんな食欲旺盛でどう猛なチビイカを飼育する場合は、共食いが起きないようにします。数ハイいるチビイカにたっぷりエサを与えます。エサを与えるときも危険があります。エサをもらっていないチビイカが、仲間が持っているエサを奪いにいきます。勢いあまって抱きつき、エサだけでなく抱きついた仲間が食べられることがあります。イナダ（シオノコ）などを釣っていると、1つのルアーで2尾ヒットすることがあります。野生下のアオリイカもきっと1つの獲物の取り合いをしていると思います。

共食いは体の大きさに差があると起こりやすいようです。普通はエサの奪い合いになっても、弱い個体がエサを放したり、エサの綱引き状態のままで仲よく食べることもあり、共食いになることはそれほど多くないのです。私たちは共食いが起きないようにエサの与え方などを工夫しますが、完全には防げません。例年、展示水槽には7〜8パイのチビイカを入れて飼育を始めますが、最初の2か月程で半分くらいになって、その後は共食い行動も落ち着きます。

低水温はボディーブロー

私たちの水族館ではバックヤードにある予備水槽でもアオリイカを飼育しています。展示用のバックアップとして飼育しているのです。予備水槽は水温調節機能がないので、冬はヒーターを入れることで水温15℃以上をキープするようにしています。私の油断でアオリイカを死なせたことがありました。春先だというのに冷え込みが厳しく、休み明けに出勤すると15℃以上あった水温が12.4℃まで下がっていたのです。飼育していた4ハイのうち1パイがすでに死亡していて、2ハイはフラフラと泳いでいたのです。フラフラの1パイは翌日に死亡。もう1パイは元気回復したように見えましたが、1週間ほどするとヒレの周りが壊死したようにボロボロになり始め、10日後に死亡しました。なお、この10日間、エサを食べたかどうかは残念ながら確認していません。4ハイのうち、唯一生き残った1パイは5月末まで生存し、生殖腺も大きくなりました（写真②）。ただし、水温18〜19℃に保たれていた展示水槽で飼育したアオリイカが7月上旬まで生きたことを考えると、少し早死です。やはり低水温のダメージがあったのかもしれません。

失敗談をネタにしてすみませんが、別の年にも水温13℃台まで下がったことがありました。ところが、このときは死亡したイカがいなかったのです。一般に言われるように、アオリイカの生存可能ラインは12〜13℃であることを、図らずも

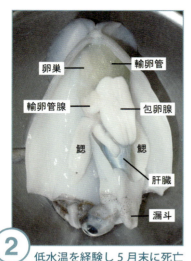

② 低水温を経験し5月末に死亡したアオリイカの生殖腺（包卵線）

実証してしまったのです。

底にへばり付く意外な生態

飼育中のアオリイカをほかの水槽へ移すためにタモを入れて追いかけ回すと、壁にぶつかり、それだけでも体の先端部を損傷します。また、追いかけ回すと、すべてのアオリイカがいっせいに墨を吐くので、イカを捕まえるどころではないのです。捕まえる方法はズバリ、エギングが有効です。飼育中のイカは長い間死んだアジしか食べていません。そんなイカにとってエギは魅力的なようです。よほどスレたイカでなければ釣ることができます。ただし、釣り上げた瞬間、盛大に墨を噴射し、通路やとなりの水槽まで大変なことになるので、後片付けは大変です。

アオリイカは視力が良くて、周囲の変化に敏感なので、日常のメンテナンス作業もなるべく刺激を与えないように工夫しています。私が新米飼育員のときでした。ガラスに付いたコケやエサの食べ残しを定期的に掃除するのですが、掃除用具の柄に灰色の塩化ビニール製パイプ（水道配管用）を使っていました。しかし、灰色パイプはどんなに慎重に扱ってもアオリイカは驚いて墨を吐き、壁にぶつかります。そこで柄を透明なアクリル製にチェンジしました（写真③）。すると、ほとんど驚かなくなりました。やはり、人にとって透明なものはアオリイカにとっても同じなのでしょうね。

コウイカの仲間は遊泳力が低く、飼育していても水槽底面に降下し、じっとしていることが多いようです。これに対して、アオリイカはスルメイカと同じツツイカの仲間で、日本を縦断するほどの回遊をすると言われています。ですから、いつも海底から離れて生活しているように思われがちです。しかし、飼育を続けていると意外な習性に気づきました。水槽の修理で水槽内に人が入ったときのことです。アオリイカはよほど危機的な状況だと感じたのでしょう。体が真っ黒に変わって、底に降りたのです。正確には、単に降りるというより、底面にへばりつく感じです。砂の入っていない水槽なら、タモで捕まえようとしても簡単にはがせないくらいの密着力です。体はまるでカレイのように平べったくなって、

③ 残餌回収タモの通常バージョン（下）と改良バージョン（上）

腕も広げます。アオリイカの特徴である大きなヒレも関係していると思います。アオリイカは、どう猛な攻撃力だけなく、外敵から身を守るための防御もしっかりしているのです。

またいつか

毎日、眺めていると実感できないのですが、チビイカの成長はめざましいようで、常連の観客の方からは「アオリ、大きくなったねー」などとほめられます。オスとメスがそろって繁殖期を迎えた年は、交接も観察され、ビニール製の人工海藻に卵を産み付けてくれます。初夏になるとほどなくアオリイカは短い一生を終え、10か月にわたるアオリイカの展示も終わります。アオリイカがいた水槽には、2か月ほど別の生きものを展示した後、ふたたび元気なチビイカが戻ってきます。

残念ですが、私が魚類担当を離れてからアオリイカの展示をしない年も多くなりました。また、いつかこの魅力的な生きものを展示の定番にできればと願っています。

#14

釣りから学んだ飼育術、飼育から学んだ釣り

憧れのライギョ、ザリガニを食べるコイ

担当生物：魚類等の水生生物
釣歴：38年
釣りジャンル：近年は、ルアーフィッシング、エサ釣り
ホームグラウンド：新潟県内の海、河川、池沼
釣りの夢：大きさではなく満足の1匹と言いたいのですが、1メートル以上の大物に憧れ、スズキ、ライギョ、コイ釣りに熱心に取り組んでいます

田村　広野
新潟市水族館マリンピア日本海

釣りと飼育の共通点

　私は小学校低学年のころから近所にあった池が遊び場でした。ザルや網で雑魚や水生昆虫を捕ることから始まり、その後は、ミミズでフナ釣り、少し成長すると大人に混じってヘラブナ釣り、今では、ルアーフィッシングを中心にいろいろな釣りを楽しんでいます（写真①）。そのルアーフィッシングの出発点になったのがライギョ（カムルチー）です（写真②）。

　そんな私が水族館に就職しましたが、釣りが役に立ったことも多いのです。ほとんどの釣りは、釣り針の付いたエサもしくはルアーを魚に食べさせて（くわえさせるだけのこともありますが）、針がかりさせます。飼育の原点もエサを食べさせることです。さもなければ育てることができません。"エサを食べさせる"という行為は釣りも飼育も共通です。

　じつは、テクニックも共通しています。採集して搬入したての魚は、本来、自然界で食べていたエサと違うものを食べさせる必要があります。たとえば、搬入してなかなかエサを食べない魚には、エサをルアーのように動かします。水槽内にわざと水流を発生させ、フワフワと漂わせたりすることもあります。感覚的には、針の付いたエサやルアーを魚に食べさせるのと同じなのです。

釣りから学び、飼育に学ぶ

　私にとってライギョは思い入れの強い魚です。幼少期、雑魚やフナ釣りをしていると、ときどき見える大きな魚影と迫力ある捕食音、そして、大人が釣り上げたライギョを間近で見たことがありましたが、その大きさとグロテスクな様相を、畏敬の念とあこがれを抱いて眺めていました。小学生のとき、ライギョを釣ろうとルアーフィッシングを始めました。当時は、知力、体力、技術、道具のすべてが幼く、ルアーのあまい針先やペナペナに柔らかい私の竿では、フッキングさせることすらできませんでした。そんなあこがれの魚ライギョも中学生になると釣り上げられるようになり、自分の成長を感じたものでした。

　水族館の飼育員になって、念願のライギョの展示を担当しました。釣ったライギョを予備水槽に慣らした後、解凍したアジで餌付けに成功。満を持して、オオクチバスやナマズもいる展示水槽に入れました。お披露目は大成功……ところが、問題。エサを与えてもオオクチバスやナマズに食べられてしまい、ライギョまで届かないのです。

① 私の釣りのターゲットたち（左上：スズキ、右上：イナダ、左下：ヒラメ、右下：サクラマス）

「そうだ！浮いたエサを与えるとオオクチバスやナマズに横取りされず、ライギョが食べるかもしれない」オオクチバスやナマズに通常のアジを与え、ライギョには注射器で空気を入れ水面に浮かしたアジを与えたのです。結果はみごと、成功！

この空気を入れて浮くエサの発想は、釣りがヒントになっています。ライギョは水生植物が繁茂する池や川に棲むフィッシュイーターですが、カエルなど水面にいる生きものを食べることも多く、ライギョ釣りではカエルを模したルアーを水面で操るのが定番とされています。カエル型ルアーはソフトプラスチックの中空構造になっているので、水面に浮きます。しかも、針に藻などが引っかからないように、ボディーがガードの役目をしています。ライギョがかみつくと柔らかなボディーがへこみ空気が出て針先が出る仕組みです（写真③）。

ライギョ釣りのとき、バイト前に水草が揺れ動くことがありますが、さすがに追尾している姿はよく見えません。水族館での飼育観察のおかげで、エサに対して興奮すると、ヒレを震わせて近寄るという行動を詳細に観察することができました。また、釣りでは観察することのできない砂に潜る行動も確認しました。危険が迫った時や、低水

② ルアーフィッシングの原点になったライギョ

③ ソフトプラスチックの中空構造になっているカエル型ルアー

温による低活性時に砂に潜るのです。私は趣味で数多くのライギョを釣ってきましたが、釣りだけではわからなかったことが飼育でわかったのです。その飼育が成功したのも釣りのおかげだったのです。

コイもやっぱりハサミが嫌い

釣りをしているときに陸上から水中を見ても、あまり水中の様子は見えません。水の濁りと水面の反射のためです。偏光グラスをかければ水面の反射をある程度は取り除きますが、見えたとしても魚の頭や背中など上の方だけがほとんどです。しかし、水族館の水槽は水をろ過することで濁りを取り除いています。水槽内を照明で明るくし、通路をやや暗くすることで写り込みを少なくしたガラス越しに、魚の行動をいろいろな角度から鮮明に観察することができます。

展示水槽の魚たちの食欲は健康のバロメーターです。ですから、魚たちに何気なくエサをやっているわけでなく、エサを食べている様子を注意深く観察します。私は釣りが趣味ということもあって、釣り魚の摂餌の様子の観察にはより気合いが入ります。展示水槽では水面に浮いている人工エサをコイが食べる姿をじっくり観察しながら、浮かせた食パンをエサにした釣りのアワセのタイミングをイメージしました。

コイは雑食性ですが大きくなるとアメリカザリガニやタニシを食べるのです。「あの硬いザリガニやタニシを？」と思われるかもしれませんが、展示水槽では、モゴモゴと口を動かし、咽頭歯（いんとうし）と呼ばれるのどの奥にある歯でかみ砕くのが観察できます。また、コイがザリガニを狙う場合、もっぱら背後から襲います。飲みこむときにハサミや頭部のトゲが刺さるのが嫌いなようです。たとえば、背側からなら大きなハサミを持つザリガニでも捕食するのですが、正対しハサミを持ち上げて威嚇姿勢をとったザリガニに対しては想像以上に警戒し、捕食しないことが多いのです。ですから私はザリガニをエサにしてコイ釣りをするときは、小さなザリガニでもハサミをカットし、針を頭胸部に刺して抜き、ふたたび腹部の下から上に刺すようしました（写真④）。ただし、水槽内と池や川では透明度が大きく違います。野生下のコイは、視覚より臭覚や味覚をたよりにエサを探していると考えられます。水槽内の行動が、野生下の行動とどこまで共通するか疑問もあります。

釣りに行こう

釣り場の情報の入手や新しい釣法を学んだり、タックルの購入や工夫などにより、多くの魚や大きな魚を得ることができるのも釣りの楽しみの一つです。

少し話がそれますが、昨今、ライギョ釣りをしていると、釣り人から「タックルや釣法について高圧的な意見を浴びせられ

④ コイ釣りでのアメリカザリガニへの針の装着方法

恐怖さえ感じた」というような話を耳にすることがあります。ライギョを釣るには「専用ロッドを使え！　太いラインを使え！　バーブレスフックの付いたフロッグタイプのルアーを使え……」というものです。似たような話をインターネット上でも見かけることがありますが、商品を売るための情報に感化されすぎているのではないのでしょうか？　どんな釣りも、できる限り環境と釣り魚に留意し、ルールを守りマナーをわきまえることは当然ですし、細すぎるラインはいけないことですが、一方的に意見を押しつけ他者を排除するようなことはせず、多様な釣りを楽しんだらいいのではないかと思います。

近年は、デジタルカメラ、携帯電話やスマートフォンが普及したおかげで、釣り上げたばかりの魚の美しい姿、釣果をすばやく簡単に撮影、記録してからリリースでき、釣り友に画像データを送信することも簡単にできるようになりました（写真⑤）。ひと昔前の記録のためだけに家に持ち帰り、すでに生命感のなくなった魚をフィルムカメラで撮影したり、魚拓を取るのとは隔世の感があります。家に持ち帰って食べることや魚拓を決して否定しているわけではありません。持ち帰っておいしくいただくこともありますし、記録的な大物が釣れたら魚拓を取りたいと思っている魚もいます。

釣りは、獲物がヒットした後の激しいファイトを楽しみます。私たち釣り人にとっては遊びですが、このときの魚は必死で逃げようとしているのです。釣りは、"命を相手にした遊び"です。また、釣りは魚という資源を減らします。根掛かりで、ルアーやラインといった人工物を環境に遺棄することにもなります。釣りは、"環境に悪影響を与える行為"です。しかし、釣りは悪ではありません。海や川に行くこともなく、自然に無関心な人も多い中、釣りを通じて魚を含めた環境をより深く知ることができます。環境を大切に愛おしく思っている釣り人も多いのです。

釣りの格言に「1場所、2運、3腕」というのがあります。たしかに、その通りですが、その前提に「釣りに行く」があります。一番大事なことではないでしょうか。「天候や潮などはあまり考えず、釣り場に行き、竿を振り、エサの付いた針やルアーを水中に投げ入れる！」を実践するように心がけています。仕事も合わせ人生で水辺に立っている時間はかなり多いと思っています。

⑤ 私が釣った1メートルオーバーのコイ

#15
飼育員になって釣りの楽しさ倍増！
みんなが知らない釣り魚の素顔

担当生物：日本海の生物（特にコンペイトウ、ミズダコ）
釣歴：30年
釣りジャンル：ショアジギング、キャスティング
ホームグラウンド：雄島、福井新港
釣りの夢：よい日、悪い日、どんな状況でもコンスタントに人並の釣果を出すこと

笹井　清二
越前松島水族館

① 水族館では魚がエサに群がり、ボイルが頻発

青物トリオが池のコイに！

　ブリ、ヒラマサ、カンパチは、釣り人から青物トリオ、御三家、3兄弟と呼ばれています。活きエサ釣りやジギング（ルアー釣り）のターゲットとして人気です。越前松島水族館の近海には青物トリオが来遊します。西日本とくらべるとサイズは小さくなりますが、ショアから狙えるのも魅力です。カンパチはシオ、ショッコと呼ばれる40センチまでが夏から秋に来遊します。ヒラマサは初夏の子ヒラから初冬の6キロクラスまでがターゲットです。ブリはほぼ1年を通して狙え、春は「本ブリ」サイズが磯際まで接岸します。また、越前岬の約30キロメートル沖の玄達瀬は、1年のうち2か月だけ遊漁に解放されます。そこは、北陸では珍しい大物のヒラマサが狙える好ポイントなのです。

　水族館では、釣り人があこがれる青物トリオを飼育展示しています。正直、珍しいとか美しい魚ではないので展示効果は高くないかもしれません。しかも、切り身は照り焼用として流通していて、回転寿司でもおなじみのネタです。ところが、本来の姿を知らない観客の方が青物トリオ3種の違いを熱心に見入っていることが多いのです。

　水槽のほとんどは、年中、一定の水温になっています。水温は多数派を占める魚種の至適水温（してきすい　おん）に合わせています。青物の水槽はクーラーがないので夏の水温は28℃まで上がりますが、冬は20℃以下にはなりません。そのため青物の活性は高く、エサのイカナゴやサバのブツ切りを入れた瞬間、水面が炸裂します（写真①）。まるでシーバスのボイルです。青物ルアーにたとえるなら、高活性時のトップウォータープラグへの反応ですね。しかも、夕刻時にエサバケツを持って水槽の脇を通ると青物たちがついてくるのです。まるで池のコイのような反応です（写真②）。

② バケツを持った飼育員に反応する青物

③ 魚と人が一緒になってふれあえるプール

④ 人にエサをおねだりする魚

珍現象も！

水族館に勤めていると、一般の釣り人からすれば「えっー、本当なの？」と言われるような情報もあります。シロギスやカレイ釣りのエサではゴカイが定番です。でも、彼らはオキアミが大好物です。コブダイは殻付きのサザエをバリバリ割って食べているイメージがあります。しかし、むき身があればそちらを好んで食べ、なるべく殻付きは食べたくないのです。

当館には魚と人が一緒になってふれあえる「じゃぶじゃぶプール」があります。夏は水着姿で泳ぎながら魚たちにエサをあげることができます（写真③）。プールには沿岸にいる20種ほどの魚が泳いでいて、なぜか高級魚として有名なキジハタの40センチオーバーまで放り込まれています。

魚だけではさみしいと思って、アオリイカをプールに入れたことがあります。アオリイカに、マダイの幼魚やスズメダイが食べられてしまうのを心配していました。ところが、心配ご無用。アオリイカは小魚たちの集中砲火にあって、跡形もなくなってしまいました。数は偉大なり！ですね。

プールの魚たちですが、水温が20℃を超える6月から10月中は、すべての魚がエサのオキアミが水面に落下した瞬間、水面炸裂です。マダイ、メジナ、キジハタ、イシダイなど、このプールの魚はどれもトップウォーターで釣れてしまうでしょう。人に対して怖がらないの？と思われるかもしれませんが心配ご無用です。怖れるどころか、観客が持ったオキアミを「まだですか！」と言わんばかりに、水面直下で構える始末（写真④）。プールに入ろうとする観客の足にまで反応するマダイやイシダイもいます。こんな磯魚たちを見ていると、磯釣りって簡単なの？と思ってしまいますよ。

青物とアジが一緒に泳ぐ

オフショア（船から）では、魚群探知器に感知された青物の群れが船下を通過して、全員ヒット！と確信したときでも、どスルーされることがよくあります。捕食のスイッチがオフになっているのでしょう。活性の低い状況では何をやってもダメで、ジグを反射食いさせるしかありません。ところが、青物が

接岸しているかいないかもわからないショア（陸っぱり）で、オフショアよりも好釣果なことがあります。福井の海に特有な現象かもしれませんが、潮の干満差が小さい日本海にもかかわらず、潮の動きだしとか、止まる直前に食いが良くなります。また、曇天時に雲の切れ目から太陽光が差すと、とたんに反応が良くなることもあります。

捕食のスイッチが入るときのいわゆる「時合い」って何が原因でしょうか？ 青物たちにとって小型のアジは大好物です。以前、20センチくらいのマアジがたくさん釣れたので、活きたまま青物水槽に入れてみました。頭の中のストーリーは「青物たちは興奮しながらアジを追いかける！」です。ところが、アジの動きが緩慢だったのか、興味を示さない個体がほとんどです。数尾がアジを追従しているだけの場合や、青物とアジが一緒になって遊泳することだってありました。魚群探知器で、反応バリバリの層へ仕掛けを送り込んでもアタリ一つないときはこんな状況なのでしょうね。と思えば、スイッチが入ったかのように、突然、バイトする個体がいるのです。水槽内では水温、水流、照明などは常に一定です。また、青物たちは職員のバケツなどに条件付けされるほど家魚化されています。捕食スイッチの要因をつきとめるのは、こうした水槽内の観察よりも、刻一刻と変化するフィールドの

落下するエサを下方から食べるチカメキントキ

観察と経験が大切だと思います。

「ヒラメ40」

福井では「たて釣り」と呼ばれる釣法が人気です。サビキのような空バリ仕掛けを中層に落とし、エサとなるイワシやアジを食いつかせ、そのまま海底まで仕掛けを落として大物を待つのです。ヒラメはエサに対して横から食いつくことが多いと考えられています。ですので、前アタリがあれば、一度、送り込んでやれば飲み込みやすくなって、確実にフッキングすると言われています。でも、活性の低いときは、前アタリだけで、なかなか食い込みません。

そんなヒラメの生態にちなんで、釣り人の間には「ヒラメ40」という名言があります。ヒラメを確実にフッキングさせるためには、アタリがあってから40数えてアワセなさい！ということです。実際、水槽のヒラメにマアジを与えたことがあります。結果は、2パターンでした。ひと飲みで捕食してし

まうか、ずっとかみついて飲み込まないか、のどちらかです。あるとき、かみついてから700まで数えたこともありますが、それでも飲み込みませんでした。さすがに30分後には飲み込んでいましたが。

「ヒラメ40」は別にして、釣り場でアタリがあってもなかなかフッキングしないのは、水槽で観察したように、ずっとくわえているだけだと思います。不思議なことに、いったん、釣り場を離れ、時間をおいて再開すると一気に飲み込むようなアタリが頻発することもあります。何がスイッチなのでしょうか？福井では一日に二度、時合いがあることが多く、午前9時と午後2時ごろだと言われています。潮回り、天候、水温などが毎日変化するのに、たしかにその傾向にあります。理由は今のところわかりません。

飼育員になると釣りが上手になる!?

すみません。ここまでいろいろと書いてきましたが、青物にしてもヒラメにしても、水族館での飼育では摂餌活性が高まるスイッチングの原因についてはわからないのです。正直、水族

館の魚を見ていると、高活性の魚を釣り上げるのはむずかしくはないと感じました。しかし、釣り人が知りたいのは、魚がいても食わないとき、あるいは、ナブラの中に何を投げても食わないとき、このような場合にどう対処すればよいのかですね。残念ですが、水槽内での観察からヒントを得るのはむずかしいというのが私の感想です。また、水族館の観察が釣りに応用できるかと言えば、かならずしもイエスではないと思います。私が飼育を担当しているチカメキントキは、水面から落下するエサに対して下から吸い込むように捕食します（写真⑤）。ところがです。漁師さんのお手伝いで沖にでたとき、アタリは多数あったものの、一度もフッキングできませんでした。やはり水槽内でのイメージ通りにはいかないのです。水族館飼育員になると釣りが上手になるのではなく、釣りの楽しみがわかるようになると思っています。水温、流れ、光、ベイトなどが目まぐるしく変化し、しかも、それらの要因が相互作用しながら釣果に影響するのが釣りなのです。気まぐれな魚と自然が相手だからこそ釣りはおもしろいと信じています。

私の学生時代の研究テーマはニホンウナギの生理生態学でした。産卵場をつきとめるために、船でマリアナ近海を調査していました。その空き時間に小型のキハダマグロやカツオをよく

越前海岸の雄島

釣っていました。当時はシーバスロッドに7号のナイロンライン、40グラムのジグ直結という仕掛けで狙っていました。10キロを超すキハダがヒットするとラインが恐ろしい勢いで飛び出していってラインブレイク、あえなく納竿となってしまった悔しい思い出があります。今の自分であればまちがいなくヒラマサ用のタックルで挑んでいたと思います。知らないのは怖いもの知らずで、ときには無謀、ときにはとっても楽しい経験にもなるのです。釣りは釣果だけが楽しみではなく、人それぞれ楽しみ方は十人十色です。本書の執筆者のすばらしい記述を読んで、さまざまな視点から釣りをとらえて、このすばらしい趣味をさらに充実してもらえたら幸いです。

最後に、越前松島水族館の近くの好ポイントを紹介します。水族館を楽しまれたあと、防波堤、サーフ、磯で釣りが楽しめるポイントです。

福井新港は巨大な掘り込み式の港で、シロギスからブリ、ヒラマサまで、福井の魚はほぼ狙えるくらい好ポイント、しかも爆発力のあるポイントです。中でも、冬から春にかけてのマアジ釣りが有名です。福井沖は、例年、冬から春にかけてイルカ（カマイルカ）の大群が来遊します。沖にイルカが現れるとマアジが福井新港内に追い込まれ、好ポイントになります。40センチを超えるメガアジが入れ食いになります。イルカは青物師にとって絶対に釣り場で会いたくない"貧乏神"、しかし、アジ釣り師にとっては"幸運の女神"なのです。

波松海岸は水族館から東に広がるサーフで、カタクチイワシの鳥山が頻繁に形成されます。さらに、海岸沿いに道路があるので県下ナンバーワンのナブラ撃ちポイントです。年に数回ですが、イナダを50～100尾くらい爆釣することもあります。

雄島は、越前海岸で一番大きな島です。島へは橋がかかっているので、入磯が簡単です。春のブリから初冬のヒラマサまで狙える私の一番のお気に入りです（写真⑥）。

#16

女性アングラーからみた釣りのキモ
食べ方からポイントまで、勝算は観察にあり？

担当生物：オオサンショウウオ、淡水魚
釣歴：21年
釣りジャンル：ルアー釣り
ホームグラウンド：神戸（垂水漁港）
釣りの夢：いろいろな釣りに挑戦!!

佐藤　亜紀
京都水族館

アングラー飼育員

水族館に携わって早いもので10年目です。これまで、海獣類、海水魚、淡水魚と、いろいろな'生きもの'の飼育を担当しました。現在は川や湖の生物や両生類を担当しています。その中にオオサンショウウオという世界で一番大きい両生類がいます。3年前、初めてオオサンショウウオの飼育を担当したころはわからないことだらけでした。見た目とイメージが違うのです。体はデッカイのに動きは速く、気が荒くて怒りっぽいのです。毎日が勉強で、緊張感を持って付き合っています。そして、お客様とのコミュニケーションも楽しみです。たとえば、オオサンショウウオは夜行性で、展示の時間帯はじっとしているので、「全然、動かないなー！」という声が聞こえてきます。そんなときは「しばらく観察していると水面まで上がって息をするのが見られますよ！」と、答えるだけでも、お客様が目を輝せて観察してくださるのですごくうれしいです！

山と海に囲まれた和歌山に生まれ育った私は、遊びといえば田んぼの「生きもの探し」。幼いころから1人でバケツと網を両手に抱え、1日中、田んぼや用水路、川など、生きものを探して走り回っていました。そんな環境の中で育ったせいか、生きものが潜んでいそうな水場が大好きです。当時も、生きものを家で飼育していましたが、それ以上に採集に熱中していたように思います。今もまだ変わらず、展示生物採集になると体

①
タモ網や釣りによる展示用の生きものの採集

② 魚へのエサやりで健康チェック

の中の血が騒ぎ始めます。

さて、採集と言っても手段はいろいろです。胴長（ウェーダー）を付けてタモ網でガサガサ、潜水……そして、釣り（写真①）！　じつは、小さいころはサビキ釣りぐらいしか知らず、「本格的に釣りをやってみたい！」と思っていました。その願いが実現したのは、須磨海浜水族園の釣りバカ上司に出会ったからです。まずはスズキのシーバスルアーに始まり、ソルトルアーの主役、メバル、タチウオ、アオリイカを追いかけました。淡水は、マニアックなタナゴを釣ったり、バスルアーも経験しました。陸っぱりから、船からと、釣りのバリエーションも一気に増えました。増えたといっても、この本の著者たちからすれば、まだまだ知識も経験も浅い初心者です。ここでは、初心者なりに飼育を通じて知り得た釣りにつながる発見などを紹介させていただきます。

魚の食事作法

私の経験からすると、観客たちの声で一番多いのは「この魚美味しそう！　食べてみたい！」なのですが、同じくらい多いのは「一度でいいから水槽で釣りをさせてほしい！」や「エサをどんな風に食べているか見たい！」です。釣り人が見つめる竿先やウキの下は、いったいどんな世界が広がっているのでしょう。そこでは何が起こっているのでしょう。アングラーなら気になって仕方がないところです。それが水槽の中だと丸見えで、まるで夢のようです。

さて、釣りは、タックル、ルアーやエサを動かすスピード、潮の流れ、ポイントなど、釣果をアップするために大切なノウハウがいっぱいあります。が、私はエサ選びがかなり重要だと思っています。なぜなら、水族館で飼育している魚もエサの種類で食いつきがまったく違うからです。

水族館の魚にエサを与えるときは、何気なく与えるのではなく、健康診断の時間です（写真②）。反応や食べっぷりで健康状態を判断するのです。魚によっては、エサの好みや食べ方もいろいろです。たとえばフグたちはエサをモグモグかんでは吐き出すの繰り返しで、食べ散らかしの常習犯です。カワハギはおちょぼ口で、ツンツンつつきながら食べます。口には入らない大きなエサも、頑張って食いちぎりながら食べます。釣りでは、フグもカワハギもアワセがむずかしいと思いますし、食べ方にあったエサが大切です（写真③）。

ヒラメは食欲旺盛で、イカやエビをバクバク食べます。ヒラメは私たちが思っているよりも口がとても大きく開きます。ヒラメ釣りには、少しくらい大きなエサでも問題なしです。むしろ大きなエサで視覚的アピールをしたほうがよいかもしれません。

アオリイカはエサを見つけると忍者のようです。体を細くし、静かにスーッとエサに近づき、触腕でエサを捕らえて、お食事タイム。ところがアオリイカってけっこう気むずかしいのです。水槽の底まで直線的に落ちてしまうようなエサだと、横目でチ

③ 食事マナーが独特のコモンフグ（上）とカワハギ（下）

④ 決まった住み処にいるメバル（上）とアオハタ（下）

エサに体が触れるくらいまで近寄り、しばらくエサをじっと見定めてから食いつく個体、なかには、口先でエサをつついても食べない個体もいました。これを見て、スズキは思った以上にエサを注視しているんだな！と感じました。飼育下では、アカメやオーストラリアのマーレーコッドという魚も、同じようにエサをじっと注視してから食べています。

思い切ったルアーチェンジ

釣りをしていて、こんなことがありました。スズキがイワシの群れを追ってボイルしているときです。迷いなくイワシカラーのルアーをチョイスしましたが、いくら投げても無反応。たまにルアーを追尾する個体もいましたが、食いつくスズキはいませんでした。そういう状況を同じポイントで何度も経験しました。「どうせ釣れないなら！」と、半分ヤケクソでイワシとはまったく違う真っ白のワームでチャレンジ……。するとどうでしょう。興味津々のご一行様がついてきました。そして何回かワームに体をくっつけたりして最後にはバクッと食いついたのです。飼育下の魚でも、釣り魚でも、魚たちが何を食べているのかを見極めてエサを選びますが、それでも食べてくれないときは、まったく違うエサで試してみるのが効果的なのです。

じつは、水族館でも同じようなことがあるのです。展示用の魚のほとんどは自然界から採集されて運ばれてきます。そうした魚は水族館に来て、しばらくはエサを食べてくれません。だから、落ち着かせるため、水槽を暗くするなど工夫し、少しずつ環境に慣らしながら、活エサを与えます。エサをコンスタントに食べるようになるまでが勝負です。しかし、やっと餌付いていても同じエサを与え続けると、突然食べなくなることもあります。釣りのときだったら……ゾッとします。そんなときはいつもとはまったく違うエサを与えると、スイッチが入ったかのように気持ちよく食べてくれます。

根魚には住み処あり

釣りで一番大切なのは、魚がいるかどうかですね。魚が釣れそうなポイントを探る方法はいろいろありますが、一番正確に知る方法は海に潜って実際に見ることです。釣りのときに潜って見るというわけではなく、普段から海に潜って見ておけば、魚たちがどんな所にいるのかがわかります。実際、私は展示用の魚を採集するために海に潜っています。

新しい発見ばかりです。たとえば、今まで岩場まわりに居ついていると思っていた大きなメバル。でも、岩場のあちこちで

ラと見るだけで、近づこうとしません。エサをうまく食べさせるために、エサがあたかも活きて泳いでいるようにうまく水流を利用することが大切です。動きとしては、イカ釣りのエギと同じような動きなので、納得です。

思ったよりエサを注視

私がスズキのルアー釣りを教えてもらったころに、ちょうど水族館でもスズキを飼育していました。アングラー飼育員としてスズキのエサの食べ方を気合いを入れて観察。すると、エサを入れた瞬間、「ボコッ！」。ものすごいスピードで水面まで浮上し、水面を割って捕食するボイルを期待されますよね。ところが、現実はシーンなのです。

はなく、決まって大きな岩の下の空洞などに群れで泳いでいるのです。ハタの仲間は岩の間を住み処にしているようです（写真④）。見通しのいい場所に出ている根魚に近づくと、スーッと住み処に戻ります。少し時間をおくと、また同じ場所に出てきて、じっとしています。

このように潜水観察すると、釣り魚の習性が手にとるようにわかります。ぜひ、皆さまも水族館で魚たちの様子を観察したり、海水浴で、潜って魚たちの行動を観察してみてください。

チャレンジしようと思っていることがあります。メバル釣りで、大きめの岩に目標を定め、その岩の周りをいろいろなアングルから攻めてみることです。もし、バラしてもメバルはきっと居心地のいい住み処に帰っていくだけなので、日を改めて再チャレンジもOKというわけです！ メバル自己ベストの20センチ越えのために……。

どんな魚がいるか？

タチウオがいるとほかの魚は釣れないと言われています。タチウオはイワシなどの小魚を追って表層まで浮上してくるフィッシュイーターです。歯は鋭く、エサとなる魚であればなんでも襲いかかるので、魚たちはタチウオがいると怖がって、鳴りを潜めるのです。

以前、上司とスズキ釣りに行ったときに、それを実体験しました。スズキがいる気配があるけれど、なかなか釣れません。めげずに粘っているとドンッ！とアタリがきました。ドキドキしながら巻き始めると軽いのです。そうですタチウオ……。「もうここは釣れないから」と次のポイントへ。また別のとき、トントンとアタリはありますが釣れません。そのうちまた「ドンッ」とアタリが！ 念願のスズキか!! と思い釣り上げるとシルエットが細長い。なぜか、いつもタチウオが釣れてしまうのです。タチウオ狙いではないときに、タチウオが釣れてしまった場合は、いさぎよくポイントを移動するのがベターかもしれません。

釣りでターゲットの魚に影響を及ぼすような魚がいるか、いないかで、釣果は大きく変わるということです。紹介したタチウオは弱肉強食のケースですが、釣りで一般的なのはエサ取りの存在です。ターゲットを狙うにも小魚（エサ取り）が数で圧倒すると釣れません。

釣りのヒントにならないかもしれませんが、水族館ではいろいろな魚を共存させています。エサのときはイワシなどの小魚の群が表層を覆い尽くし、すごい勢いで食べにきます。そして大きめのエサを落とすと、小魚は一瞬びっくりしてファッと散ってしまいます。そのすきに、大型魚がパクリとうまくエサを食べます。ただ、口で言うのは簡単ですが、慣れるまでが大変です。同じ水槽内でも、小魚と大型の魚が少し離れるようにエサで誘導するようなテクニックも必要です。さらに、意外にも水槽の大型魚たちは慣れてくると、好物の小魚がいても襲わなくなるのです。エサをもらえることを学習しているのでしょう。

釣りを始めてみませんか？

これまで飼育を通じての魚のエサの食べ方や習性などを知って、釣りのヒントをいっぱい見つけました。逆に、釣りを通じて飼育に結びつくこともたくさん発見しました。

釣りも飼育も共通して言える一番大切なことは観察です。よく観察していると、見落としてしまいそうな小さなことでも大きな発見につながることがあります。生きものをいっぱい観察して、ぜひ釣りにつなげてみてください。

最後に、釣りをするのは男性が多いというイメージがありますが、初心者の私でもこんなに釣りを楽しんでいます。それに、私はお客様とのコミュニケーションが大好きです。女性でも、釣りに少しでも興味のある方は、ぜひこの機会に声をかけてください。

#17 飼育からわかったタチウオ
暗いのが嫌い、共食い大好き！おもしろ生態学

担当生物：ジンベエザメなど魚類全般
釣歴：37年
釣りジャンル：ルアー
ホームグラウンド：大阪湾、紀伊半島
釣りの夢：大きさや数、魚種にこだわらず、釣り上げた瞬間、足が震えるような魚を釣ること

北谷　佳万
海遊館

1万トンを食べている

　海遊館がある大阪ではタチウオ釣りの人気は高く、秋になると防波堤や釣り船はタチウオ一色になります。私が育った和歌山でも人気は高く、高校生のころは夜明け前に自転車を走らせ防波堤へ行ったものです。夜が明けてくるとタチウオの群れが回遊してくるのか、ミノープラグに次々とヒットしたのを覚えています。早朝の海で、銀色に光り輝く魚体はとても美しく、チャンスがあれば活きた姿をだれかに見せたいと思ったものです。

　日本全国のタチウオの漁獲量は年間約1万トンです（平成24年漁業養殖生産統計年報より）。県別では愛媛県がトップの2,000トンで、おもに西日本が上位にランクインしています（図1）。そのため関西では魚屋さんやスーパーマーケットで定番のなじみ深い魚です。

　しかし、水族館では活きたタチウオはめったに見ることができません。タチウオの飼育が簡単ではないからです。タチウオの体表にはウロコがないので、とてもデリケートで傷つきやすいのです。そのため、よいコンディションで水族館まで搬入することがむずかしいのです。また、体が細長く立ち泳ぎするタチウオを飼育するには大きな水槽が必要です。最低でも2メートル以上の水深が必要だと考えています。そして、意外にもタチウオと一緒に飼育できる魚が限られます。以前、展示に向けてマダイなどの魚がいる水槽で飼育テストをしましたが、水槽内にいたカワハギやスズメダイがタチウオの尾ビレをエサと思ったのか、かじって食べてしまったのです。タチウオが食べたのではなく、食べられるのです。タチウオを展示するためには、よいコンディションの個体採集、展示する水槽の大きさ、同居する魚の選定など、いろいろな制約があるのです。

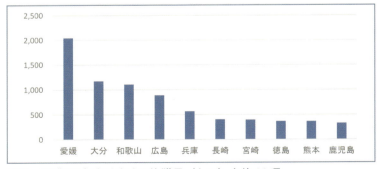

図1　平成24年タチウオの漁獲量（トン）上位10県

① タチウオの展示

　海遊館では2007年12月、全長70～80センチのタチウオ42尾を「日本海溝水槽」(水深2メートル)へ初めて展示しました(写真①、最長260日間飼育)。それから、ほぼ毎年、約50尾を期間展示しています。2012年からは、より水深のある「特設水槽」(水深5メートル)に展示しています。

展示できるのは2割弱

　タチウオの展示は、「採集→輸送→予備飼育→展示」の順で行います。タチウオは、釣り、底引き網、定置網など、いろいろな漁法で漁獲されます。海遊館では定置網で採集します。定置網は魚の通り道に大きな網を仕掛ける漁法で一度にたくさん採集でき、その中からコンディションのよいものだけを選びます。私たちの場合、採集は大阪府泉南郡岬町谷川と和歌山県日高郡由良町大引の定置網で行っています。海遊館までの輸送距離が短いことと、定置網の漁師さんたちが採集に協力してくれるからです。時期は9～12月で、3～9回定置網漁に同行し、1回の操業で最大150尾前後のタチウオが採集可能です(写真②)。

　タチウオの生息域は、おもに水深100メートルくらいと考えられています。ところが採集した定置網は水深30メートルくらいにあります。定置網に入るタチウオは、沖から沿岸部へ小魚を追って移動してきた群れではないでしょうか。その証拠に、タチウオだけでなくクロマグロも捕れることがあり、エサとなるアジやサバは大漁です。釣りでいうならベイト回遊ですね。防波堤へ回遊してくるタチウオもおそらくその一部でしょう。

　タチウオが定置網に入る時間帯はいつでしょうか？　漁師さんから「夕方、網を揚げてもほとんど入っていない！」と聞いたことがあります。早朝にはタチウオがたくさん入っていることから、夜間から明け方にかけて入網すると思われます。魚には通り道、すなわち回遊ルートがあると思いますが、そのルートの解明は今後の研究テーマです。

　体表が傷つきやすいタチウオを採集するには秘密兵器が必要です。海水ごと1尾ずつすくい取る「特製タモ」です(プロフィール写真)。しかし、すくうときの抵抗が大きく、海水がたくさん入るのでとても重くなります。100尾以上を採集したときはかなりの重労働でした。手伝ってもらった漁師さんたちに感謝です。

　採集したタチウオはトラック輸送し、まず、水族館の予備水槽へ入れます。予備水槽では傷の養生と餌付けを行います。その後、コンディション良好な個体を選んで展示します。しかし、これが簡単ではないのです。体

② 定置網に入網したタチウオ(上)を船上水槽に入れる(下)

表の弱いタチウオは予備水槽に入れた翌日に半数近くが死んでしまいます。これまで展示できたのは採集した数に対してわずか18％くらいです。

釣りに役立つ習性

採集したタチウオは予備水槽で飼育し、餌付けします。よい状態で採集できれば翌日からエサを食べる個体もいます。反面、簡単にエサを食べないガンコものもいます。釣りなら「今日は、食い気がなかった！」ですみますが、仕事です。そうしたとき、アングラー飼育員の出番なのです。エサは冷凍のキビナゴ、マアジ、イカ、オキアミなどを与えます。70～80センチクラスは魚食性が強いのか、イカやオキアミはほとんど食べませんでした。冷凍のキビナゴやマアジにも反応がイマイチな個体もいます。そんなタチウオには活きたカタクチイワシです。動く、活きたエサへの反応は抜群です。タチウオ釣りで、活きエサの威力を見せつけられることがありますが、納得しますよ。余談ですが、活きたカタクチイワシは、あくまで活性が低いタチウオ用ですが、どん欲な個体が「エサ取り」となって横取りしてしまいます。釣りで「エサ取り」をかわすようなテクニックが役に立ちます。

タチウオにエサを与えると、ある程度の距離までゆっくり近づき、一気に飛びつきます。エサをくわえた瞬間に飲み込むことは少なく、多くの個体が時間をかけて飲み込みます。鋭い歯を持つので、食いついた瞬間にエサが真っ二つに切断されるともよくあります。そんなとき、意外な行動を見せてくれます。くわえていたエサを飲み込んだ後、もう片方のエサを残さずに食べてしまうのです。アタリがあって食いつかなかったときは、しばらく待っていると食いつくかもしれません。

私もタチウオを釣るときは、エサを活きエサのようによく動かす「誘い」を重視しています。最近、タチウオのルアーで流行の「ワインド」と呼ばれるテクニックも、タチウオが好む活きエサの動きを利用していますね。また、もう一つ、アタリの後「待つ」を実践しています。エサ釣り（特にウキ釣り）は、ゆっくりアワセるのがセオリーですが、まったく同感です。

ちなみに、タチウオはエサに飛びつくときに、空振りが多いのですね。おそらくイチローより打率は低いと思います。釣り糸を切られることが多いのは、空振りしたタチウオの鋭い歯の仕業でしょう。また、ほかの魚に比べてスレ掛かりで釣れるのが多いのはそのためでしょう。以上、水槽での話ではありますが、タチウオの飼育から得た情報を皆さんの釣りに役立ててみてください。

③ 体の後ろ半分がないタチウオ

マニアックな話

そのほか、タチウオを飼育していて、おもしろいと思った習性をいくつか紹介してみます。

展示しているタチウオは頭を上にして、体に沿ってある長い背ビレをくねらせて立ち泳ぎしています。立ち泳ぎはリラックスしているときでしょう。落ち着いていないときや、エサを追いかけるときは横泳ぎに変身します。横泳ぎのときは背ビレの動きに加えて、体もくねらせて泳ぎます。

展示中のタチウオの場合ですが、朝まずめ、夕まずめの行動には変化は感じられませんでした。これは、水槽照明の点灯時間（朝9時頃に点灯、夜20時に消灯）が自然界と異なるためだと考えられます。エサやりの時間は朝9時半と夕方16時ご

④ ベネディニア症のタチウオ（左）と寄生虫（右）

ろの２回です。決まった時間にエサを与えるため、お食事タイムは記憶していると思うのですが、行動に変化はありません。

水槽内のタチウオは、照明の当たっている明るい場所を好みます。だから、タチウオたちが壁にぶつかりにくいように照明を水槽中央付近に設置しているのです。また、予備水槽で飼育しているときに、照明を消してしばらくすると（15秒ほど）、びっくりしたのかクモの子を散らしたように飛び上ったことがありました。タチウオたちにとって、いきなり暗くなったのは驚異だったのでしょう。それからは、真っ暗にしないよう、夜間も照明をつけています。

タチウオは定置網で１日に約２トンも捕れることがあります。大きな群れをつくる魚なのです。そのためか１尾だけで飼育していると活性が上がらず、エサ食いはよくありません。だからある程度の数で飼育するのが好ましいです。ところが群れになると珍事もあります。エサを与えていると勢い余ってほかの個体にかみついてしまうのです。自然界の大きな群れの中では、こんなことは日常茶飯事かもしれません。実際、尾がなかったり、正常な体長の半分くらいのタチウオを定置網で見かけます（写真③）。そういえばタチウオの胃内を調べたときに全長15センチくらいのタチウオの幼魚がたくさん出てきたことがあります。釣ったタチウオの尾をエサに使うとよく釣れるとの話もうなずけます。

大阪周辺の定置網にタチウオが入網する時期は９〜12月で、水温は18〜26℃です。これまで予備水槽を含め、水温14℃〜26℃で飼育しましたが、よくエサを食べたのは20℃以上でした。河口などの沿岸部から水深200メートル以上の深海まで幅広い環境と水温に適応するタチウオですが、水温によってエサ食いは大きく変わることがわかりました。ちなみに、飼育水温が18℃以上ではよく横泳ぎします。逆に18℃以下では立ち泳ぎすることが多いようです。水温が高いほど行動範囲や移動距離が大きくなるということかもしれませんね。

夢は始まったばかり

タチウオの飼育は軌道に乗っているのですが、まだまだ問題があります。たとえば、寄生虫による病気です。ベネディニア症とよばれる病気で、寄生虫がタチウオの体表に寄生し、傷つけてしまうのです（写真④）。重症になると弱ってしまい、エサを食べなくなり、死んでしまいます。

これまで、試行錯誤しながらタチウオの展示に取り組んできましたが、採集後の生存率を高くする方法や寄生虫対策など、課題はまだまだあります。タチウオを長く、良好に飼育できる方法を確立していきたいと思います。

最後に、私が初めて元気に泳いでいるタチウオをガラス越しに眺めたときの感動、それは私が高校生のときの「だれかに見せたい！」という願いが実現した瞬間でした。でも、夢は始まったばかりです。将来は、水族館のタチウオ飼育で知り得たことを、タチウオの増殖（ふ化育成）、さらに自然（資源）保護などにつなげていければと考えています。

コイのルーツ

東口　信行（神戸市立須磨海浜水族園）　＊現所属：átoa

　日本の美を象徴する魚といえばコイです。寿命が200年だったとか、1尾が数千万円とか、話題がつきません。カラフルな色ゴイは人の手によって家魚化されたものですが、野生ゴイは黒くて地味なのです。コイ釣りの愛好家たちは「野生ゴイにも体高の高さが違う2つのタイプがいるのでは？」と指摘していました。今では科学的にもその話が裏付けられています。日本の野生ゴイには、古来より生息している「野生型」とユーラシア大陸から移入されてきた「大陸型」がいるのです。「野生型」はスマートで、「大陸型」に比べると体高が低いのが特徴です。DNA分析によって「野生型」が日本に昔からいるコイであることもわかっています。

　コイといえば、近くの川や湖にいる身近な魚ですが、そのほとんどは「大陸型」です。純粋な「野生型」がいる場所は限られて、関東平野、琵琶湖・淀川水系、岡山平野、四万十川水系だそうです。しかも、「野生型」と「大陸型」の雑種がみつかったのです。交雑がすすめば純粋な「野生型」がいなくなる可能性もあります。将来、形だけではどちらなのか分からなくなるかもしれません。

　須磨海浜水族園では野生ゴイを展示しています。「野生型」は体高が低く、スマートなので、同居している「大陸型」と見分けることができます。ただ、習性の違いに驚かされます。公園の池で、手をたたくとコイが近寄って来ますよね。手をたたく音は水面で反射されるのでコイたちには聞こえません。あの近寄ってくるコイは、人の歩く時の振動や、人影を視認して近寄って来るのです。それはさておいて、コイは人に慣れやすいというイメージを持たれていると思います。ところが、「野生型」はまったく人に慣れないので餌付けに苦労します。「野生型」と「大陸型」を同居させ、「大陸型」を模範生に仕立てることでやっとエサを食べてくれるのが「野生型」です。

　エサの食べ方にも違いがあります。「大陸型」は口をパクパクさせながら、水面まで浮上してエサを食べ続けます。ところが「野生型」は1粒のエサを食べると、体をひるがえし潜っていくのです。水面近くに長居すると、鳥などに襲われる危険性が高いことが脳にインプットされているのです。

　また、1週間に1回、ダイバーが潜ってガラス面を掃除します。慣れないうちは「大陸型」も「野生型」もパニック状態で、ガラス面に顔をぶつけることがありました。1か月もすると「大陸型」はダイバーになれて平然としています。ところが「野生型」は1年以上経過してもダイバーへの警戒心を持っているようで、ガラス面にぶつかり飼育員をハラハラさせます。

　ということで、釣りのターゲットとしては、「大陸型」より用心深い「野生型」の方が、はるかに難易度が高いと思います。

大陸型（上）と野生型（下）（提供：小坂直也）

タチウオ採集に秘密のエサ

御薬袋　聡（宮島水族館）

　宮島水族館のタチウオは漁師さんのはえ縄漁で採集します。はえ縄漁の操業時間は日の出とともに始まりますので、出港は5時ごろです。朝早い釣り人なら普通かもしれませんが、宮島は島なので始発のフェリーでも間に合いません。自宅から直行すれば！と思われるかもしれませんが、採集には魚運搬用のトラックが必須です。ですから、水族館業務が終了後、採集の準備をして、午後10時の最終フェリーで宮島を出発し、夜中に漁港に到着します。到着後、漁港の事務所で仮眠を取らせていただき、やっと出港となるのです。これだけでもなかなかの重労働です。

　漁師さんのはえ縄ですが、1縄に約200本の枝針があって、そこに小さなワーム、アングラー風にいうと、ちょうど2インチグラブがついています。針もルアーで使うワームフックみたいな物です。でもこのワーム、じつにいろんな色があります。日によってよく釣れるヒットカラーがあるそうですが、一定の傾向がなくて、漁師さんでも予想できないそうです。ワームやジグのカラーローテーションの重要さが伝わりますね。

　漁師さんのはえ縄のエサは、ワームだけでなく、10センチほどのイカナゴを使うこともあります。ワームに反応しない時は、イカナゴが抜群のエサとなるからです。じつは、これを見て思いついた秘密兵器があるのです！　水族館ではタチウオ採集のため、アングラー飼育員がタチウオを釣り上げることがあります。その場合は生エサを使うテンヤ仕掛けがメインで、普通ならマイワシやサンマをエサに使用します。私もマイワシなどを使用したことがありますが、漁師さんはイカナゴを使われているのです。実際、釣り上げたタチウオの胃の中からイカナゴが出てくることもあります。それぞれの生息域も似ていますから、おそらくタチウオにとってイカナゴは常食の一つと思われます。ターゲットが常食としているエサを釣りエサにするのは基本ですが、普段出回っているイカナゴは10センチほどで、スーパーでも生のイカナゴはあまり売っていません。これではテンヤ仕掛けとしては少し使いにくい感じがします。

　そんなことを考えながら、ある日、水族館の調餌場（生きもののエサを作る部屋）にあったトドのエサバケツをのぞくと、巨大イカナゴが山盛り。ご存知の通りトドは非常に大きな動物で、アシカの仲間では最大になり、オスの成獣では最大1トンぐらいになります。当館のトドもオスは700キログラム以上で、毎日30キログラムものエサを食べます。このトドのエサに巨大イカナゴが使われるのです。巨大イカナゴの大きさは20～30センチもあり、まさにテンヤ仕掛けに最適！早速、採集時に使用してみましたが、タチウオの反応も上々です。なにしろトドのエサですから水族館の冷凍庫内にはトン単位で貯蔵してあります。水族館の採集用秘密のエサとして長いお付き合いになりそうです。

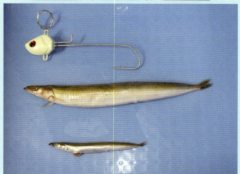

（上）タチウオのはえ縄仕掛け（下）巨大イカナゴと普通のサイズのイカナゴ

#18 複眼スタッフからみた釣り魚
メバルのスレ、時合い、ベイト回遊を解く

担当生物：飼育実験中のスズメダイ類
釣歴：33年
釣りジャンル：メバリング、ウキ釣り（特に電気ウキ）
ホームグラウンド：明石海峡周辺
釣りの夢：狙った魚を釣る

馬場　宏治
神戸市立須磨海浜水族園

簡単でむずかしいメバル

　私がハマっている釣り魚がメバルです。厳密に言うと「メバル」という呼び方は正しくありません。メバルは、シロメバル、アカメバル、クロメバルの3種に分けられたからです。ただ、アングラーたちはメバルが3種に分かれる前から、これら3種の体色や生態の違いに気づいていました。アングラーたちの観察力もダテではない証しでしょう。たとえば、おもに障害物に付いていることが多いメバルたちですが、回遊するメバルがいます。そのメバルは背中がサバのように青く（写真①）、体型もスマートでほっそりしています。彼らが釣れる時合いは短く、表層付近で立て続けにヒットする傾向があります。本稿ではこれら3種を区別せず、アングラーが慣れ親しんだ「メバル」と呼びます。

　メバルのシーズンインは、12月から翌年の1月の繁殖期です。メバルは仔魚を産む卵胎生です。まず、メスのお腹の中にオスの精子が貯えられます。卵が発達すると体内で受精して、しばらくするとふ化して仔魚になって産まれます。メバルは大きさが尺（30センチ）を超えれば超大物といった小型の根魚です。しかし、その引きの強さは、大きさからは想像もできないほどパワフルです。そしてメバルのおもしろさは大型になると一気に難易度がアップすることです。私も最初は漁港内のおチビさん相手に、手ごろなルアーロッドを使ってお気楽モードで遊んでいました。しかし、大型が釣りたくなるのがアングラーの性。それからどっぷりハマってしまいました。チビはあれだけ簡単に釣れるのに、20センチオーバーになると繊細でむずかしい釣りに変貌するのです。

　私の浅い経験ではありますが、ここではメバル釣りをメインテーマにし、アングラー、飼育スタッフ、研究員、ダイバーなど、いろいろな角度から釣り魚の不思議をお伝えします。

① 背の青いクロメバル

② 口に穴が2つ開いたメバル　　③ エサを無視するブリ

リベンジ成功

まずはアングラーとしてのメバル釣りを紹介します。ある日、ホームグラウンドの漁港にメバルを釣りに行ったときです。ルアーをキャストしてすぐに良型特有のはっきりしない、「モソッ」としたアタリ。ひと呼吸して、そっとラインを張ると明らかに魚体の存在を感じます。「エイッ」とばかりにアワセてやり取り開始。ところが、消波ブロック際だったため、あっという間にすき間に潜られてしまい、結局、バラしてしまいました。あまりに悔しくて、翌日もリベンジ釣行。半信半疑で昨日のポイントにキャスト。すると「モソッ」。アワセを入れて一気に消波ブロックから遠ざけるようにしてリベンジ成功。測ってみると24センチ、ホームグランドでは立派なサイズです。

驚いたのはメバルの口。上アゴにフッキングしたときにできる穴がもう1つ開いていたのです（写真②）。前日に私がバラしたものと確信しました。この個体は、前日に危ない目に遭ってもその場を去ることなく、同じポイントに居ついてエサを食べたのです。アングラーならだれしもが知っている「スレる」とは無縁なのでしょうか？ 1日もたてば苦い経験を忘れてしまうのでしょうか？

スレるって？

アングラーが知っているスレというのは感覚的かもしれません。しかし、私はスレを水族園で体験したのです。

ある実験に使用するため、大水槽のブリを捕獲する必要に迫られたのですが、1,200トンの水を抜くわけにもいきません。アングラー飼育員の発想は、当然のように「釣り！」。そういうわけで、早速エサを付けて第一投！ エサを入れた瞬間に激ヒット。第二投……皆さまは「入れ食い」だと思われますよね。恥ずかしながら私たちスタッフも同じでした。実際はとんでもなかったのです。しばらくすると水槽のブリたちは、エサに対して無視をし始めたのです（写真③）。結局、初日はかなりの時間をかけて数尾をゲットしただけでした。その後は、失速してしまい、予定の回収期日には間に合わないペースでした。

あれこれ考えた結果、「ヒットした後にやり取りしたらダメなのでは？」という結論に。エサの着水と同時にヒットにもちこみ、次の瞬間にはブリが宙を飛んでいるといった具合です。ちょうどカツオの一本釣りですね。これが功を奏して、一気に20尾近くをゲットできたのです。打ち止めになったのは、不覚にもヒット後に暴れる時間を与えてしまったからです。

ノーベル医学生理学賞を受賞したカール・フォン・フリッシュ博士は、魚の体に恐怖物質が存在することを発見しました。現在では警告物質（アラームサブスタンス）として知られています（p.138参照）。ブリが暴れると釣れなくなるのは、暴れたブリから警告物質が放出されたのでしょうか。それとも、暴れるブリの遊泳音で恐怖が植えつ

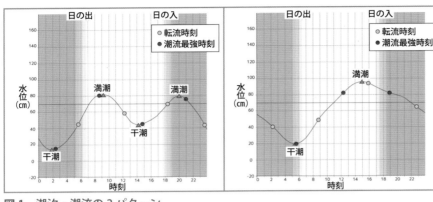

図1　潮汐・潮流の2パターン

けられたのか。はたまた、釣り上げられる仲間を見て学習するのでしょうか。

　スレがどの程度持続するのかということについて考えてみましょう。水槽内のブリは、翌日には平常にもどって釣り採集もできました。しかし、これが、連日となると、徐々にスレが進行したのも事実です。さすがに学習が働いたのだと思います。私の飼育経験からすれば、大水槽のように多種多数の魚がいて、変化や刺激に富んだ環境があれば、どうやら魚たちは1日もすると苦い経験を忘れてしまうのではないでしょうか。さらに変化に富んだ、自然界なら冒頭のメバルのリベンジのような例もあるでしょう。逆に、魚が1尾しかおらず、何の変化もない単調な環境の水槽なら、なかなか恐怖から解放されないのかもしれません。

潮汐と潮流は別物だ！

　釣りで「上げ7分、下げ3分」というたとえがあるように、釣りと潮汐は密接な関係がありそうです。「上げ7分、下げ3分」というのは満潮時刻をはさんでの前後2時間くらいまでということになります。私も子どものころから朝マズメの上げ満潮前後は期待に胸を膨らませながら釣りをしたものです。ところが、大人になって経験を積むにつれ、どうも潮汐と釣果の関係はそう簡単ではないような気がしてきました。特に、メバリングをするようになってからは、潮位よりも潮の流れが重要なファクターだと考えるようになりました。

　私がホームグラウンドとしている明石海峡はときによって6ノットを超える速さで潮が流れます。目からウロコだったのは、潮汐と潮流方向が連動していないことでした。それまでは漠然と、満潮（上げ潮）時には東から、干潮（下げ潮）時には西から流れ、満潮干潮付近では潮止まり……という勝手なイメージを持っていました。ある日、何気なく潮汐表と潮流情報をチェックしたのですが、上げ潮の途中（上げ5分）くらいで潮流の向きが変わっていることに気づいたのです（図1）。しかも、潮汐の変化と潮流の変化は同調することなく、少しずつズレるのです。これまでの経験から、何となく感じていたことでしたが、これ以降はこれらの情報を得た上で釣行のスケジュールを考えるようになりました。

　多くの魚で「潮の動き始め」とか「潮が動いているとき」によく釣れると言われています。潮の流れは魚の活性に影響するのでしょうか？　潮通しのよいポイントでダイビングをしていたときのことです。潮止まりを狙って潜っていたのですが、ゆるりと潮が動き出しました。すると、突然、50センチを超える大きなメジナの群れがいっせいに浮上して、流れてくるプランクトンをついばみ始めたのです。このメジナたち、潮が止まっている間は、ひっそりと転石のスキ間に身を潜め潮が動き出すのを待っていたようです。

　潮はエサを運んでくれるファクターです。潮の方向や動きが魚の活性に影響するのでしょう。メバル釣行でも、潮の動き始めや、流れに変化が出たときなどに時合いが訪れることからも無視はできません。

④ 砕波帯での調査風景

⑤ 砕波帯にいたスズキが食べていたゴカイ

サーフメバリング

　ロックフィッシュという釣りのジャンルに入るメバル。実際、水中では障害物（根）の周りが好きなようです。ポイントも根周りや海藻などの周囲を狙うのがセオリーです。しかし、条件さえ合えば、サーフ（砂浜）でも好ポイントになるのです。ある日の釣行で、いつものようにテトラ帯を攻めていたのですが、さっぱり。すぐ近くにサーフがあったのでヤケクソ気味にルアーをキャスト。すると、なんと一投目からヒット、それから立て続けにヒットです。波打ち際から10メートルもキャストしていない、水深50センチくらいの場所です。このときは、不思議に思ったのですが、後日、なるほど！と思えることがありました。

　水族園の前には須磨海岸という関西有数の砂浜が広がっています。砂浜の波打ち際のことを砕波帯（さいはたい）と呼び、いろいろな魚の仔稚魚（しちぎょ）が育つ場所として知られています。その砕波帯で、どんな魚の仔稚魚が採れるかネットを引いて調査をしていたときのことです（写真④）。その日は荒天で、波打ち際の波もいつもより高い日でした。ようやくネットを引き終えて獲物を見ると、普通は捕れることのない10センチほどのスズキとマアジがいたのです。これくらいのサイズはすばしこくて、さすがに人力で引っ張るネットでは捕れません。後にも先にもこの大荒れの日だけでした。波の影響で泳ぎにくかったのか、それとも、濁りでネットに気がつかなかったのかもしれません。なぜ、そんな日にスズキとマアジたちは砕波帯にいたのでしょう。

　水族園で調べてみると、魚たちの口一杯にゴカイが入っていたのです（写真⑤）。解剖すると食道や胃もゴカイでいっぱいでした。彼らは大きな波で、砂と一緒に巻き上げられるゴカイを食べに来ていたのでしょう。これを見たときに、あのサーフのメバルを思い出しました。彼らもサーフのエサ事情を知っていて、砂浜にベイトを求めて回遊してきたのかもしれません。後日、サーフメバルを持ち帰って胃の中を調べたところ、サーフ特有の稚魚やゴカイが入っていたのです。

　サーフメバルは周囲に逃げ込める障害物もないので、ヒットすると思い切り走り回り、小型でも強い引きを楽しめます。一度、サーフメバリングをやってみてはいかがでしょう。私も「今日はサーフオンリー！」と決めて釣行する日もあります。何よりサーフメバルは釣りのキャリアでイイ経験になりました。一見すると「ダメだろう！」と思うようなシチュエーションでも、トライすると思わぬ発見があるのです。

　普通、釣りは釣れそうなポイントやタイミングを狙って釣行するものです。しかし、私は「ダメだろう！」という日にも釣行することがあります。予想通り釣れないならそれでヨシ。予想が的中するほど上達した証しです。釣れるようなことがあれば、読み切れていないファクターがあるはずです。回遊？　潮位？　流れの向き？　流速？　餌生物？　天候？　考えればキリがないですが、これも釣りの醍醐味です。釣りとは本や図鑑に書いてない魚の生態を知るための一つの方法でもあるのです。

「顔」で仲間を識別する魚がいた！

幸田　正典（大阪市立大学大学院理学研究科）

　類人猿・サル・ゾウなどの群れ生活するほ乳類は、群れのメンバーを互いに認識し、識別しています。無駄な闘争を避けたり、仲良くしたり、仲直りしたりなど、社会関係をうまく維持していく上で相手を識別することは非常に大切です。いや、むしろ相手を識別することなしには複雑な社会生活は無理と思われます。これら脳の大きなほ乳類に対し、同じ脊椎動物であっても脳の小さな魚には個体を識別するような能力はあるはずがない！と長い間、思われてきました。複雑な社会生活も魚には無縁だと思われていました。魚の群れというと、イワシやキビナゴのように、無数の個体が入り乱れる大群（烏合の集団）だと思われてきたのです。

　しかし、ここ30年ほどの野外での潜水による詳細な行動観察が魚の群れの概念を変えたのです。定住的で、10数尾程度までの同じメンバーから構成される安定した集団で生活する、極めて社会性の高い種が存在することがわかってきました。そして、このような社会的な魚のうち、調べられた範囲では、いずれもお互いを個体認識していることが、最近わかってきたのです。つまりほ乳類と同様に、同じ個体と頻繁に出会うような集団的な社会で生活をする魚は、群れのメンバーを個体認識し、識別しているのです。

　魚類での個体認識の多くは、スズメダイ類・ベラ類・カワスズメ類などで知られるように視覚に頼っています。ヒトをはじめ、ほ乳類は、多くが相手の「顔」を見て個体認識します。類人猿やサル類も相手の顔という視覚刺激で互いに識別しています。もちろん、後ろ姿、あるいは音声など、顔以外の身体的特徴も手がかりにできますが、やはり基本は顔なのです。最近の研究で、チンパンジーは頻繁に相手の顔を見ることがわかってきました。では魚は相手の体のどこを見て識別するのでしょうか？　これがまったくわかっていないのです。

　最近、私たちは、ある魚が個体識別の指標として何を使っているのかを世界で初めて明らかにしました。なんとその指標も顔だったのです。その魚は、十数尾の家族群で暮らすタンガニイカ湖のプルチャー（*Neolamprologus pulcher*）といいます。繁殖ペアのほかに、年上の子供（兄姉）が自分の産まれた縄張りにとどまり、両親が産んだ卵やふ化仔魚（弟妹）の子育てを手伝うのです。手伝いをさぼると親や年上の兄妹から罰を受けるらしいのです。親個体はメンバーをきちんと個体識別していて、誰がさぼっているのかがわかっています。おもしろいことに、顔の目の後ろからほほにかけ特徴的な色彩模様があり、じつはこの模様が個体ごとに微妙に違うのです（写真参照）。モデルの魚を使って実験したところ、この魚はこの顔模様の違いで個体を識別できることがわかってきました。この顔の微妙な違いだけでメンバーを見分けているのです。

　ヒトなら知人の顔を見れば、それが誰かは一瞬でわかります。ではプルチャーはどれくらい早く識別できるのでしょうか？　調べたところ、どうやらこの魚もほぼ一瞬で相手を識別できるのです。長く見積もっても1秒以内なのです。さらに、この魚が相手の体のどこを見るのか？を調べてみました。最初に見る（両眼視する）のはなんとモデルの魚の顔なのです。はじめに顔を見るからこそ、素早く個体識別できるのかもしれません。このように、彼らの相手の見分け方とその能力は、ヒトやサルが相手を識別する場合とそれほど違わないようです。

　顔を見て個体識別する魚はプルチャーだけなのでしょうか？　そこで、カワスズメ科、スズメダイ科やベラ科など、数多くの魚種の「顔」を調べてみました。すると安定した社会関係を維持し、個体識別をしているだろうと予想される魚種では、その多くが、顔や目の周辺に特別な模様を発達させていることがわかってきたのです。しかもそれ

ら顔の模様には、微妙ですが、個体ごとに違いが認められるのです！　これらの魚種も顔模様に基づいて、視覚による個体識別をしている可能性がありそうです。しかし、もしそうなら、体の他の部位ではなくなぜ顔なのでしょうか？　ほ乳類が顔を指標に個体識別をしていることと、何か関連があるのでしょうか？　今後の研究が待たれます。

　ヒトやサル、さらにヒツジなどのほ乳類では、顔を特別に認識する「顔認識ニューロン」が存在します（右脳に局在）。ヒツジも「顔認識ニューロン」があって、顔で互いを個体識別します。このことからも、多くのほ乳類にとって顔は特別な存在であることがわかります。では、プルチャーはどうでしょう？（1）この仲間の顔模様の小さな違いを素早く学習できること、（2）その後、一瞬で他個体の顔と見分けられることから、私は魚にも顔認識に特化した神経細胞が存在する可能性があると考えています。そうなら、賢いほ乳類と魚の「距離」はさらに縮まることになるのかもしれません。

a）プルチャーの全身写真と b）個体ごとに違う顔の模様

#19
ニオイと味の世界
究極のエサはこれだ！

担当生物：アナコンダ、オオサンショウウオ、アユモドキ
釣歴：26年
釣りジャンル：コイ釣り、渓流釣り、ジギング、エギング、メバリング
ホームグラウンド：大和川、新宮川、丹後、淡路島など
釣りの夢：500kgオーバーのホホジロザメを釣る

東口　信行
神戸市立須磨海浜水族園
（現所属：átoa）

ニオイと味の役割

　アユの友釣りやひっかけ釣りなどを除けば、釣りというのはエサ付きの針を魚に食べさせて釣り上げることです。そのためには魚に違和感を与えないことが大切なので、見えにくい細い糸を使ったり、浮力の小さいウキを使うなどの工夫をします。となると、細くても丈夫な釣り糸、高性能な釣竿、高感度のウキ……と、ハマってしまうのです。
　こうした道具やテクニックも大切なのですが、エサの威力は絶大です。魚たちが釣りエサを食べ物と認めて、食いつくには大きく二つの要因があります。それは「動き」と「ニオイ・味」です。エサの動きを重視したのがルアー釣りです。一方、ミミズや練りエサを使うエサ釣りは、エサのニオイや味が大切です。

　魚が感じているニオイや味について説明します。私たちは空気中に溶け込んでいるニオイを鼻で感じています（嗅覚）。水に溶けるような液体の味は舌で感じているのです（味覚）。では、魚はどうでしょう。魚たちは一生、水の中で生活しているので、"水に溶けている（水溶性）物質"を嗅覚と味覚で感じているのです。エサに対するニオイと味の役割ですが、まず、鋭い嗅覚で遠くのエサのニオイを探知して近づきます。至近距離になると味覚でエサの味見をするのです。魚たちは水の中に棲んでいるので、エサを口の中に入れなくても味見ができるのです。

ニオイも味もアミノ酸

　魚も人も鼻でニオイを感じますが、人の鼻は顔の真ん中に一つしかありません。魚は左右に一つずつの鼻を持ち、そこでニオイを感じます。ただし、魚の鼻は穴が開いているだけで、鼻の穴と口はつながっていません。魚の鼻をよく見ると、前鼻孔と後鼻孔という二つの穴がありま

図1　魚の鼻の位置とその内部構造

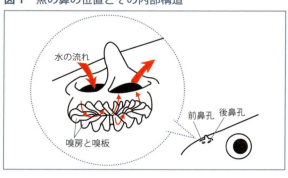

図2 アミノ酸に対するコイの味覚神経応答

感受性の高いアミノ酸	アミノ酸の含有量が高い食品ベスト3		
	1位	2位	3位
グリシン（Gly）	ゼラチン（豚）	大豆タンパク	削り節
プロリン（Pro）	ゼラチン（豚）	小麦タンパク	カゼイン
アラニン（Ala）	ゼラチン（豚）	鰹節	アマノリ
グルタミン酸（Glu）	小麦タンパク	カゼイン	大豆タンパク
セリン（Ser）	カゼイン	大豆タンパク	小麦タンパク
ヒスチジン（His）	鰹節	鰹節	カゼイン
アスパラギン酸（Asp）	大豆タンパク	鰹節	鰹節
システイン（Cys）	小麦タンパク	大豆タンパク	高野豆腐

表1 コイが好むアミノ酸を多く含む食品リスト

す。水に溶けているニオイ成分は前鼻孔から入り、後鼻孔から出ていきます。鼻の中には嗅房があって、嗅板が規則正しく並んでいます。その嗅板にはニオイ成分を感知する繊毛が無数にあるのです（図1）。

魚類は約100種類の水溶性のニオイ成分をかぎわけられると考えられています。おもなニオイ成分は、アミノ酸、性ステロイド、プロスタグランジン、胆汁酸です。このうち、アミノ酸は摂餌を誘引するニオイ成分ですが、性ステロイドや胆汁酸は繁殖に関係しています。

さて、魚が感じているニオイ成分で、釣りに一番大切なのはアミノ酸です。変な例えかもしれませんが、私たちが焼き肉のニオイをかぐと急にお腹がすくようなものです。アミノ酸といっても種類はたくさんありますが、多くの魚は、グルタミン、アラニン、プロリンに強い反応を示します。それも10^{-9}～10^{-6}M（モル）という、水泳プールに小さじ一杯のアミノ酸を溶かしたくらいの低い濃度です。

味を感じる部分は味蕾と呼ばれています。味覚は近距離からエサの味を判断するほか、エサの飲みこみに重要です。人の舌には約9千個もの味蕾があって、いろいろな味を楽しんでいるのです。魚はというと、ナマズの仲間では20万個の味蕾があるという報告もあります。魚種によっては口の中だけでなくて、くちびるや顔にも味蕾があるのです。

コイやナマズではヒゲで味を感じることもできます。コイはヒゲと口に味蕾が多く、ナマズは顔面とヒゲに味蕾が多いのです。コイのヒゲの使い方を観察していると、エサを探すときにはヒゲを下に向けています。コイは味蕾の多いヒゲを砂の中にあるエサを見つけるのに使っているのではないでしょうか。また、コイは砂の中にエサを見つけると、エサと砂を一緒に口に含んだ後、エサだけを飲みこんで、砂を吐きだします。なので、コイの口に味蕾が多いのも納得ですね。これに対して、ナマズの味覚はエサの探索が主で、エサがあれば一飲みにするので口の味蕾は少ないのではないでしょうか。

究極のエサができた

魚たちも、私たちと同じように、うま味、塩味、にが味、甘味を感じると考えられています。特に、アミノ酸は魚の味覚も嗅覚も刺激する成分です。釣りでは、釣りエサを魚がうまい！と判断すれば、飲みこんでフッキングするわけです。そういう意味でターゲットの釣り魚がどんなアミノ酸をうまい！と感じているかを知るべきでしょう。コイの味覚では、プロリン、アラニン、グルタミン酸、システインといったアミノ酸に強い反応を示します（図2）。また、こうしたアミノ酸が1種類よりも2種類以上あった方が、反応が良いことも知られています。

表2 "究極のエサ"の効果の検証に用いたいろいろなエサとおもな含有アミノ酸

実験に用いたエキス成分※	おもなアミノ酸
化学調味料	グルタミン酸ナトリウム
乾燥シイタケ	グルタミン酸、アラニン、グアニル酸
乾燥コンブ	グルタミン酸、アスパラギン酸
生サツマイモ	アスパラギン酸、グルタミン酸
生ジャガイモ（男爵）	アスパラギン酸、グルタミン酸、ロイシン
小麦粉	グルタミン酸、システイン
きな粉（大豆蛋白）	セリン、アスパラギン酸、システイン
生ニンニク	アルギニン、グルタミン酸、システイン
鰹節	イノシン酸、アラニン、ヒスチジン、アスパラギン酸
ゼラチン（豚）	グリシン、プロリン、アラニン
冷凍赤虫	複合アミノ酸
サナギ粉（カイコ）	複合アミノ酸
ミミズ	複合アミノ酸
究極のエサ（ゼラチン、小麦蛋白、カゼイン、鰹節、大豆蛋白）	グリシン、プロリン、アラニン、グルタミン酸、リン、ヒスチジン、アスパラギン酸、システインなど

※水に漬けた上澄み液を使用

コイのエサを考えてみる

"究極のエサ"の効果があってホッとしました。それはさておいて、実験の結果から面白いことがわかりました。意外だったのは化学調味料に効果がなかったことです。使った化学調味料はグルタミン酸ナトリウムが主成分で、コイの味覚を刺激するはずです。化学調味料はアミノ酸をたくさん含んでいますが、1種ではなく、いろいろなアミノ酸が複合的に働いて相乗効果が期待できるのでしょう。また、練りエサに配合されている生ニンニク単体だけでは効果がなかったのも意外ですね。同様にニンニクもいろいろなエサに添加することで効果があるのでしょうか。

結局、コイは赤虫、サナギ粉、鰹節、ジャガイモ、小麦粉、きな粉、ゼラチン、ミミズ、サツマイモに誘引効果がありました。雑食性のコイですから、動物性と植物性由来のアミノ酸が重要でした。"究極のエサ"を例に、釣り用のエサの配合には、グリシン、プロリン、アラニンのような動物性アミノ酸と、グルタミンやシステインを含む大豆や小麦を混ぜると良さそうです。

恋は焦らず

コイを飼育していると、面白いことがあります。水槽のコイにエサのエキスを入れると、最

いわゆる相乗効果です。

いよいよ身近な材料でオリジナルのエサ作りです。コイの味覚に反応するアミノ酸を、たくさん含む食品をリストアップしました（表1）。コイが好むアミノ酸が多いのは、ゼラチン、小麦タンパク、カゼイン、鰹節、大豆タンパクなどです。これらを混ぜれば、理論的には集魚効果の高い"究極のエサ"となります。

次に"究極のエサ"の検証です。"究極のエサ"の効果を調べるために、"究極のエサ"や、調味料、生ニンニク、サナギ粉、ミミズ……などの誘引性を調べてみました（表2）。実験はY字型に区切った水槽を使いました。仕切り板で左右に区切った水槽に20尾のコイを入れます（図3）。効果の検証は、仕切りの一方にエサのエキスを、一方には"エキスなし"の水だけを滴下して、5分後に移動したコイの数をカウントします。1回だけなら"たまたま"ということもあるので、一種類のエサについて10回行いました。誘引効果が高ければ、エサのエキスを滴下した方に集まるコイが多くなります。

結果です。コンブ、生ニンニク、乾燥シイタケ、化学調味料は、エキスを滴下した場合と、水だけを滴下した場合に、コイの集まり具合に差が無かったのです。すなわち、コイへの誘引効果が認められなかったのです。これに対して、小麦粉、きな粉、ゼラチン、サツマイモはコイに効きそうですね。肝心の"究極のエサ"ですが、誘引された個体も多く、最も誘因効果が良かったようです（図4）。

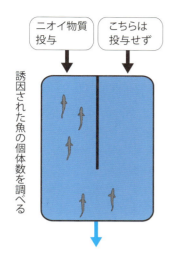

図3 "究極のエサ"の検証に用いたY字型水槽の模式図（左）と実物（右）

初は飛びついてきます。ところが、しばらくすると、コイがエキスになれてしまって反応しなくなるのです。ですから、実際の釣りでは、コイを飽きさせないために、エサの配合をローテーションした方が良いかもしれません。

展示用のコイを新しく入手しても、なかなかエサを食べてくれません。ところが、仕入れ先で使っていたエサなら食べてくれるのです。コイは食べ慣れたエサが好きみたいです。こんなこ

ともあります。大阪のとある公園でコイ釣りをしていると、唐揚げで釣れることがあります。ここのコイは唐揚げを食べなれているのかもしれませんね！

コイは、めったに釣れない難しい魚であることを表した名言が「コイは1日1寸」です。1尺のコイを釣ろうとするなら、10日は通いなさい！ということです。もちろん、この名言には科学的な根拠はありません。コイの飼育で、新しいエサに替えると初めは食べてくれません

が、10日前後で食べ始めます。10日、同じポイントで、毎日、同じエサで釣りをするのもありだと思います。

「コイ（恋）は焦らず」とも言います。コイは簡単には釣れません。どっしりと腰をすえて、マメに通うことが大切だと思います。

図4 "究極のエサ"といろいろなエサの効果

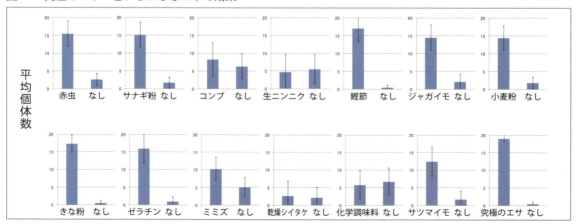

#20 アカメに魅せられた飼育員
フィールドとガラス越しの生態

担当生物：マイワシ、テヅルモヅル、ウミサボテン、アオリイカ、イセエビ、アマモなど
釣歴：21年
釣りジャンル：ルアー全般
ホームグラウンド：須磨に来てから淡路島 or 舞鶴
釣りの夢：世界の巨大魚たちと添い寝する

寺園　裕一郎
神戸市立須磨海浜水族園
（現所属：四国水族館）

幻の魚、アカメ

　アカメはスズキ目アカメ科に属する大型の肉食魚です（写真①）。'幻の魚'とも呼ばれるほど生息数は少なくて、生態も謎だらけなので、イトウやビワコオオナマズとならぶ日本三大怪魚になっています。アカメという和名の由来は、眼球に光を当てると赤く光って見えるからです。これは、眼球内の血液が透けて見えるためです。

　アカメは日本の固有種で、西日本の太平洋側の河口から沿岸に生息します。記録としては、種子島や屋久島から静岡県まで知られています。おもに、高知県や宮崎県に生息し、最近では徳島県や和歌山県でも確認情報があります。数は少なくなりますが、じつは大阪湾にもいます。地域によって独特の呼び名もあり、メヒカリ（徳島県）、ミノウオ（高知県）、マルカ（宮崎県）、カワヌベ（鹿児島県志布志湾）、オキノフナ、オキノコイ（鹿児島県、種子島・屋久島）とも呼ばれています。

　釣り魚としての日本記録は高知県四万十川の全長137センチ、30キロという巨大なものです（写真②）。昔は2メートル近い大物がいたなんて話もあるとかないとか。さらには、漫画『釣りキチ三平』で四万十川の主（ぬし）である巨大アカメの話が紹介されています。登場するアカメは、なんと4メートル！釣り好き少年たちの心をわしづかみにするロマンあふれる話ですね。

　釣り人なら一度は出会いたい魚……。その一つにアカメをあげられる方は多いのではないでしょうか。私もその一人で、学生時代に過ごした高知でアカメを追い続けていました。浦戸湾をホームグラウンドに毎晩のように通い続けた結果、幸いなことに何度かアカメと出会えることができました。今でも脳裏を離れません。ほとばしるようなトルクのファーストラン、水面を割って飛び跳ねると疑問が確信へ……。このようにアング

① 著者が釣り上げたアカメ

② 特別展で展示した日本記録のアカメ剥製と実物大ポスター（協力：高知大学）とヌシが潜む四万十川河口

ラーとしてアカメに魅了されていた私でしたが、偶然にも水族園でアカメが……！ フィールドと飼育体験を交えて、お話ししようと思います。

ナーバスなアカメ

　水族園では9尾のアカメが飼育されています。ガラス越しに観察すると、とっても仲良さそうに並んで泳いでいます。1尾が移動すると、ほかの仲間もつられて動きます。隊列を組むように泳ぐときもあります。フィールドでも、河口の淵や沿岸部のテトラ帯で群れをなしているアカメの目撃情報があります。アングラーからは立て続けにヒットしたという話も聞きます。どう猛な1匹狼のようなイメージがあるアカメですが、"金魚のフン状態"で、仲良く群れているのが本来の姿かもしれませんね。

　飼育していて気づいたことがあります。アカメがとても神経質で、ちょっとしたことですぐに警戒してしまうのです。ドアが閉まる音とか、水槽のふたを開けるだけで、水槽の隅に"おしくらまんじゅう"です（写真③）。その後、しばらくエサ食いが悪くなってしまうこともあります。臆病で警戒心の強い性格こそが、幻の魚と言わしめる由縁なのでしょう。

　ですから、アングラーの皆さま、ポイントまでは抜き足差し足忍び足で、気配を消して近づくことが大切です。また、当然、一度、狙ったポイントに潜むアカメたちは警戒するでしょう。はやる気持ちを抑えて十分に釣場を休めてから、ふたたびアプローチすることをお勧めします。

シマ模様は捕食スイッチONのサイン

　ある日、漁師さんの定置網にかかった大型のアカメ3尾を展示用としていただくことになりました。水族園に無事、輸送することはできましたが、長時間の輸送のストレスに、もともと神経質な性格。いただいたアカメは冷凍エサには見向きもしません。そこで、活きエサとして金魚、ドジョウ、シラサエビを与えてみました。しかし、まったくダメ。最後の手段としてマイワシを20尾くらい入れてみ

③ 水槽内でかたまるアカメ

97

④ 興奮するとシマ模様が浮き出る

ました。すると、体にうっすらとシマ模様が現れたのです。どうやら捕食のスイッチが入ったサインのようです。ちなみに、アカメの幼魚にはシマ模様がありますが、大人になると茶褐色なります。だだし、興奮すると幼魚のようにシマ模様が浮かび上がるのでしょう（写真④）。

その後も観察を続けると、むやみにマイワシを追い回すというのではなく、ゆっくりと浮上して、漂いながらマイワシの遊泳パターンをじっくりと観察しているようです。つられて、ほかのアカメにもシマ模様が現れスイッチオンです。マイワシが動きを止めた瞬間に、「ボコッ、ボコッ！」、3尾のアカメが次から次に水面を切り裂くように、マイワシを吸い込んだのです。

水族園でのアカメの捕食シーンを見て、まっ先にリンクしたのが高知のフィールドでした。夜中に川辺を歩いていると、水面下を舞うように漂うアカメがいたり、水面の浮遊物を一気に吸い込むような大きなボイル音が聞こえるのです。水族園と同じように、フィールドでもエサ食いモードに入っている個体はこうなるんだ!?と、ちょっとした発見をした気分になりました。

リフト＆フォール

水族園でも活きエサの調達は大変です。アカメたちも冷凍のエサにも慣らさなければいけません。「食わす！」というのは釣りも飼育も共通なので、腕の見せ所です。しかし、これがむずかしいのです。エサをフォールさせてもダメ、底に沈んでしまうとアウト。そこで竿の先につけた糸に冷凍アジを結び、アクションを与え

ました。ときどき、水流にのせてアクションに変化をつけてみました。ところが、興味は示してくれましたが、竿が動いているのが気になったのでしょう。プイッとそっぽを向かれてしまい、結局、冷凍エサを餌付かせることはできなかったのです。

ところがです。先輩のアングラー飼育員が鬼門とされていた冷凍エサの餌付けに成功したのです。先を越されたという悔しい気持ちを抑えながら、どうやったのか聞いてみました。答えはエアレーションの吹き上りの利用です。吹き上りを利用して、冷凍のエビを底から浮かび上がるように流し込んでみたところ、みごと、食らいついたそ

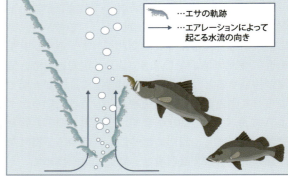

図1 エアレーションの吹き上がりを使ったアカメ餌付けイメージ

エビを摂餌した瞬間 ⑤

⑥ コアマモの中のアカメ幼魚（提供：宮崎大学農学部附属フィールド科学教育研究センター　延岡フィールド）

うです（図1）。しかも、1尾が餌付くと、ほかのアカメも食いつくようになったそうです。学び上手も群れているアカメの性質なのでしょう。

飼育員としては自分の力量不足を思い知らされた出来事でしたが、一釣り人としてはよい情報が聞けたなと半分ニヤケ顔。エアレーションの吹き上りの角度をいろいろ試してみると、縦の動きのエサに対して反応が良いことがわかりました。ルアーでいうなら底からのリフト＆フォールです。また、エビとアジの冷凍エサで試してみると、エビを好んで食べました（写真⑤）。自然界のエビの動きがリフト＆フォールに近いからでしょうね。

水族園では餌付け一つにしても、アングラー目線で観察するといろいろな発見があります。釣り魚の情報を仕入れながら仕事ができるのは、釣バカ飼育員にとってまさに役得なのかもしれません。もちろん実釣に役に立ちそうなものもあれば、なかなか結び付きにくいものもあります。ですが、使えそうな情報をゲットした後、きっとこうしたら釣れるのでは!?と考えて（思い込んで）、結果がともなえば、釣りがもっと楽しくなります。

カメラを持つアカメ

夏になると、河口や湾内の汽水域に4ミリくらいのアカメの仔魚が姿を現し、翌年の春ごろ（10センチくらい）まで1年ほどコアマモなどの藻場で暮らします（写真⑥）。その後、成長したアカメは藻場を離れ、河口や湾内で過ごし、冬になると沿岸域で越冬すると考えられています。釣りでも、高知県では水温が上昇する5月にアカメが釣れ始め、8月を全盛期に秋口まで釣果が聞かれます。

ところが、アカメの生態についてはいまだ謎の部分も多く残されています。じつは、成長したアカメが沿岸域でどのように移動・回遊するのかはわかっていません。特に、どこで、どのように繁殖（産卵）しているのかは謎なのです。成魚（親アカメ）の漁獲状況や、小さな仔魚が現れる海域情報などから、アカメは沖合で産卵する可能性が高いと考えられています。しかし、産卵場所については特定されていません。

現在、アカメの移動・回遊ルートを調べるため、小型の記録装置やカメラをアカメに取り付ける研究が進められています。もし、記録装置付きのアカメを釣ってしまったら近くの研究機関にご連絡をお願いします。もしくは、近くの釣具店に標識アカメの研究ポスターが貼られていますので、ご連絡をお願いします。もしかすると、あなたが釣ったアカメが、未知なる生態解明の手掛かりを握っているかもしれません。

釣りは不思議なもので、一度、魚を釣ると、その魚のことがもっと知りたくなります。場合によっては、その後の行動に大きな原動力を与えてくれるほどです。アカメの調査にかかわっている人は、研究者だけでなく、アカメに魅せられた釣り愛好家も多いのです。アカメの保護活動にご尽力なさっている方々へ敬意を表するとともに、いつまでも夢抱く釣りが続けられる環境があってほしいと心から切に願います。また、私ども、飼育員もアカメの魅力を皆さまにお伝えできるよう、大切に展示飼育していきたいと思います。

#21
これがブラックバス
嗜好性と学習能力が高い

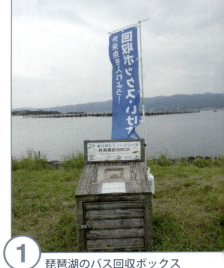

① 琵琶湖のバス回収ボックス

担当生物：アザラシ・ペンギン・ラッコ
釣歴：20年
釣りジャンル：バスフィッシング
ホームグラウンド：兵庫県の河川（特に猪名川水系）
釣りの夢：70センチオーバーのブラックバスを釣ること

野路　晃秀
神戸市立須磨海浜水族園
（現所属：四国水族館）

バスフィッシング

　バスフィッシングは、子どもから大人まで、老若男女を問わず親しまれている釣りです。ターゲットとなるブラックバス（以下、バス）はブルーギルとともに外来生物法で特定外来生物に指定され、生きたままの魚の運搬が禁止されました。飼育も許可制で、一般の方が飼育するのは原則禁止です。違反者には罰則があります。また、釣ったその場でのキャッチ＆リリースですが、滋賀県など、リリース禁止条例がある自治体もあります（写真①）。私は水族園の飼育員として、また、アングラーとして、これからもよりよい環境で釣りが楽しめるよう、こうした規則を最初に紹介しておきます。

　滋賀県でバスのリリース禁止条例が制定される際に、アングラーたちが条例に反対する署名運動を行ったこともあって、私の中で外来種に対する問題意識は強く残っていました。しかし、バスフィッシングを楽しんでいるアングラーの中には、今でも外来生物の問題を認識されていない人も多くいるのではないでしょうか。水族園では研究や教育のため、許可を得てバスの飼育を行っています。その中から飼育員しか見られないバスの素顔を紹介します。

低水温では14日食べないことも

　水温と活性から紹介します。バスは屋内水槽で飼育されています。水温はヒーターで25℃をキープしています。25℃だと、活性も高く、エサも毎日食べて元気だからです。では、低水温になるとどうなるのでしょうか？ 11月下旬にバス水槽を屋外に移したところ、水温は12℃まで低下しました。すると、バスは水槽の底でじっと動かないことが多く、エサも食べなくなりました（写真②）。変温動物でもあるバスは、急な水温低下で一気に活性が下がったのでしょう。このとき、エサとして金魚を3尾入れていましたが、やはり無傷でした。金魚との同居が続くと反応が弱くなることもあるため、金魚を水槽から出したり、入れたりして、バスの摂餌本能を刺激してみました。

② 低水温で底に定位するバス

また、金魚に釣り糸を付けることで、いつもとは違う動きを演出してみました。しかし食べません。気がつけば、水温低下による絶食は10日間に達していました。

次に、水温をゆっくりと上昇させてみました。3日間かけて水温を20℃にするとバスに変化が見られるようになりました。低水温では底でじっとしていることがほとんどでしたが、中層あたりにいることが多くなったのです。ペレットを与えると水面を意識し、接近して軽く口で突つきました。それから少しずつ水温を25℃に戻すと、やっとエサを食べました。この間の絶食は14日間です。その後、2～3日ごとにエサを食べるようになり、10日くらい経過したころには毎日エサを食べるようになりました（図1）。

飼育実験ではバスは水温20～25℃の時に活性が高くて、12℃まで低下するとエサを食べないことがわかりました。また、水温が高くなっても摂餌活性がもどるにはある程度の回復期間が必要なのです。バスにとって低水温は相当なダメージなのでしょう。冬にバスがなかなか釣れないのも納得です。

しかし、私は真冬の野池で爆釣したことがあります。周囲のポイントが釣れない中、小さな水路の流れ込みで爆釣だったのです。川でも、浄水場からの排水の流れ込みに大量に魚が集まるのを見かけたこともあります。

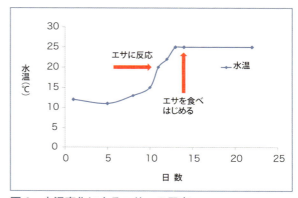

図1　水温変化によるエサへの反応

おそらく流れ込んでいる水の水温が少し高いのでしょう。また、そういったポイントは、少し深くなっていて、しかも、気温の影響も受けにくいポイントです。周囲に比べ高い水温や深い水深、そこに集まるであろうエサ、といった点でバスの溜まり場になっていたのです。水温が低いと活性が低下しますが、そんな時期は、少しでも水温が高いポイントを狙うと好釣果につながるかもしれません。

バスには嗜好性あり!?

バスに与えているエサは、ペレット、金魚、クリル（乾燥エビ）です。これ以外のエサも食べるのかなと思い、切り身（サケ・イカ・アジ）、コオロギ、ドジョウ、メダカ、シラサエビも与えてみました（写真③）。

結果、口に入るエサであればなんでも食べました。しかし、反応よく食べるのは活きエサで、中でも金魚は好んで食べました。ドジョウは一気に飲み込むことができず、しばらく口からドジョウの尾ビレが出ていました。ペレットやクリルは小さく、くわえては吐き出すのを繰り返してから飲み込むようです。

ところがです。2～3日、エサを与えないと、バスはどんなエサでも一気に飲み込みます。食欲が高いと食いつきもよいのですが、食欲が満たされると食いつきも渋くなり、ショートバイトの連続ということになりそ

③ バスに与えたいろいろなエサ

き、バスの摂餌を刺激するようなルアーのトレースラインを知っておけば有利です。そのために重要なのは、釣り場に生息するバスが、どんなポイントで、どんなエサを、いつ食べているのかという情報だと思います。釣り場に着くと、バスの魚影やポイントに目が行ってしまいますよね。もちろん、これらを知ることは大切なのですが、なかなか釣れないときは、ポイントやエサとなる生物に注目してトレースラインを決めて下さい。その例を飼育下とフィールドで紹介します。

飼育中のバスのエサは水槽の上から与えます。バスは飼育員が来るとエサがもらえることを学習しているようで、人の気配を感じると表層に浮上して、水面を意識します。飼育員の手が水面に近づくと、さらにヒレの動きが活発になります。そして、

うです。

また、同じエサを与える期間が長いと、違う種類のエサにスイッチしても食いつきが悪くなることもあります。たとえば、金魚ばかり与えていたバスにペレットを与えても、反応するだけで、食べないことも多々あります。

バスはいつも食べているエサに対する嗜好性があるのかもしれません。ですので、釣り場でルアーを選ぶ際にはそこにいるエサ生物に似たルアーを使用することで、好釣果につながるかもしれません。

釣るための
トレースライン

「トレースライン」いわゆるルアーを通す軌道のことです。バスの視界に入る範囲にルアーを投げなければバスはヒットしませんが、バスの目の前にルアーを通しても食い気がなければ食らいつきません。そんなと

④ エサを待ちきれずにジャンプして食らいつくバス

⑤ バスの胃から出てきたザリガニ

⑥ 飼育下で慣れたアザラシ

エサが着水すると同時にエサに食らいつきます。ときには、水面近くでエサを見せていると、ジャンプして食らいつくことさえあるのです（写真④）。恐るべき学習能力ですね。

実際の釣りのフィールドで、バスが捕食を意識しているポイントにルアーをトレースするとヒットすることもありますね。セミを捕食するバスがいる場合、張り出した木の枝にラインを引っかけてルアーをぶら下げるようにして誘うとバスがヒットすることもあります。リリーパッド（浮き草）があり、カエルなどの生きものがその上で生息している場合、ルアーをリリーパッドの上に乗せると、下からバスが突いて水に落とそうとすることもあります。

野池にバスを釣りに行ったときのことです。時間は朝の5時ごろ、人のひざほどの浅瀬で5インチのワームをノーシンカーリグで、ゆっくりと引いていました。その一投目で40センチのバスが釣れました。その後も良型が3尾もヒットしたのです。辺りが明るくなってきたころにポイントを観察すると、釣れたポイントには無数のザリガニがいました。もしかすると、浅瀬でヒットしたバスはザリガニを捕食しに来た!?　釣り上げたバスを解剖すると想像していた通り、胃の中からザリガニが出てきたのです（写真⑤）。

話が長くなりましたが、バスは捕食するために、エサとなる生きものがどこにいるのか、捕食しやすい場所など、これらについて学習能力が高いようです。常食しているエサが登場するようなタイミングでルアーを投入すれば、釣れる可能性が高くなるということです。しかも「エサ・捕食ポイント・時間帯」、これらの条件がそろったとき「釣るためのトレースライン」ができるというわけです。

野生と飼育から学ぶ

私のメインの飼育担当はアザラシなど海獣類です。これまで紹介してきたバスとアザラシは、生物学的にまったく違います。しかし、どちらの生きものも自然界と人工飼育下という環境で接する機会があります。感じることは、育っている環境は違っていても、同じ生きものとしては共通する点が多いということです。海獣類や魚類も飼育下だと人に慣れることがあります（写真⑥）。野生動物は、人が近づくと警戒して逃げることが多いと思います。飼育下では人からエサをもらえ、害がないのを学習して警戒心が薄れていくのです。ところが飼育下といえども、エサの種類や飼育員の服装が変わるだけでエサを食べないことがあります。ちょっとした変化を警戒するのです。

ルアーフィッシングでは多種多様なルアーと釣法があります。よいこともあるかもしれませんが、その反面、バスにとって必要以上の警戒心を与える可能性もあるでしょう。アングラーがほとんど来ないような釣り場ではよく釣れることがありますが、プレッシャーの高い釣り場では釣れないこともあるでしょう。人より早く釣り場に到着して、ポイントへのアプローチは静かに行い、バスにアングラーの存在が気づかれない位置に立つなど、人気による刺激が少ない釣りを心がけることで釣果はアップすると思います。

#22
釣り上手、釣られ上手な魚の素顔
好奇心旺盛なメジナ、武士道を貫くヒラスズキ

担当生物：全般（専門は海藻）
釣歴：52年
釣りジャンル：ソルトルアー（ショアキャスティング、ボートジギング、ほか）
ホームグラウンド：和歌山県潮岬周辺
釣りの夢：70歳を過ぎても磯からのヒラスズキを楽しむ

宇井　晋介
串本海中公園水族館

アングラーフィッシュの技

　人間界にはたくさんのアングラーがいます。中でも、この日本には私みたいな"へっぽこアングラー"も含めると、その数、じつに1千万人。世界一の釣りの超大国、釣大国ですね。ところが、いつもは釣られる立場の魚たちの中にも釣り師がいるのです。有名なのはアンコウやカエルアンコウの仲間でしょう。英語ではアングラーフィッシュ（Anglerfish）と呼ばれています。これらの魚たちは、背ビレが変化してできた細い竿とエスカというルアーを持っています。ルアーをエサのように巧みに操ることで魚をおびき寄せ、近づいてきた小魚を丸飲みしてしまいます。水族館ではそのテクニックを垣間見ることができるのです。

　串本海中公園にはカエルアンコウの仲間たちが飼育されています。中でも体が大きいのがオオモンカエルアンコウで、バレーボール位もあります（写真①）。ところが、体に比べると細くて短めの竿を持ち、先についているルアーもこれまた小さい。大きな体なのに、とても控えめなタックルなのです。ルアーは小さな皮膚の切れ端のようなもので、それ自身に筋肉はないので動かすのはすべて竿の動きです。アクションはショー

① オオモンカエルアンコウ（左）とフサアンコウの仲間が持つルアー（右）

トピッチで、ルアーにバイブレーションを与えるタイプ。どちらかといえば地味なタイプでしょう。あなたの周辺にいませんか？　体は大きいのにショートロッド＋繊細なテクニックでよく釣る、そんなアングラーさん。

　ダイナミックにルアーを操るアングラーフィッシュもいます。カエルアンコウです。体は小さいのですが、そのわりにルアーは巨大で、竿の左右にも長い突起物があってゴカイそっくり。そのゴカイのような竿に"チョンチョン"とアクションが伝わると、それはもう海底を跳ね回るゴカイです。カエルアンコウにアクションを披露してもらうには、棒の先にエサ（キビナゴ）をつけて、近づくことができればOKです。感心するのは、獲物に対してぶっつづけにアクションを披露するのではなく、ときおり、止めては、また動かすの繰り返し。これってアングラーたちが俗に言う「食うタイミングを与える」というやつですよね。そうそう、カエルアンコウみたいに、でっかいルアーやアクションにこだわりのあるアングラーいたような。

　もっと変わり種は、フサアンコウやアカグツ。これらの魚たちもやはりアンコウの仲間らしく、竿とルアーを持っているのですが、その形状は何とも不可解。写真①のフサアンコウのルアーを見て下さい。極太の短い竿の先にはまるで毛玉のようなルアーがポンとくっついています。これはいったい何を真似ているのでしょうか。釣り仲間に見てもらったら、「サケ釣りで使うエッグフライに似ている」とコメントをもらいました。何かの卵でも模しているのでしょうか。アカグツの竿も短くルアーも変な形をしています。わざわざ釣り仲間と違う変なルアーばかり集めるアングラー、これまたいますよね〜。

　アングラーの心理はいずこの世界も共通ですね。

なぜ、メジナは人気もの？

　磯釣りといえば、まず、頭に浮かぶのがメジナ、いわゆるグレです。数ある磯魚の中で、どうしてメジナが大人気になっているのでしょうか。それはまず「どこにでもいる」という単純な理由に尽きるでしょう。メジナの分布は、極端に寒い地域を除けばほぼ日本全域で、暖かい海域なら内湾から外洋に面した岩礁までいます。どこでも釣れるという条件は、ブラックバスの例をあげるまでもなく、アングラーからすれば人気魚の必須条件です。

　では、釣り魚としての能力はどうでしょうか。「強い魚、弱い魚」というふうに分ければ、メジナはまちがいなく強い魚のナンバー5に入ると思います。ここで言う「強い、弱い」は、遊泳力や活力、また繁殖力など

② 海中展望塔のまわりにいる大型メジナ

を総合的に考えた場合です。たとえば泳ぐスピードならマグロやヒラマサはたしかにすごいですが、メジナも決して遅くありません。狭いところをくぐり抜けたり、縦横無尽に泳ぎ回る旋回能力などは、むしろメジナが上回ります。活力面でいうなら、ハタの仲間は空中に長時間出してもなかなか死にませんが、メジナも低酸素の水の中でもしぶとく生きています。水族館の水槽掃除では魚を移動させる必要がありますが、いつもオオトリを務めるのはメジナです。また、たくさん釣られているはずなのに、そこそこの資源が維持されています。ですから、繁殖力もすこぶる旺盛です。というわけで、メジナはすべての能力で平均以上の力を持つ、スポーツ選手でいえば十種競技のメダル選手のような魚なのです。

　もう一つのメジナの魅力が知能です。「魚との知恵比べ」と

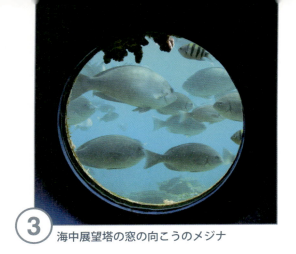

③ 海中展望塔の窓の向こうのメジナ

④ 海中展望塔の窓の向こうのヒラスズキ

いう言葉がありますが、中でもメジナはその代表のように思われています。魚の脳は人間と比べると単純なので、人間でいう「賢い」とか「賢くない」という表現を使うのは適切でないかもしれません。でも、たしかに、魚の中にもそんな違いがあると思っています。頭が良いというなら、水族館で芸をしたりするイシダイのほうがおそらく上でしょう。メジナの賢さはそれとはちょっと違って、言葉は悪いですが「ずる賢い」とでもいえる賢さなのです。

串本海中公園には水族館と海中展望塔があります。海中展望塔は、海の中の魚たちの様子が水中窓から見られる施設です。その近くでは、日本の海では珍しく、過去40年以上も完全禁漁が守られており、常時、数百尾もの大型メジナが水面に群れています（写真②）。ここでメジナを観察していて思うことは、メジナは、ほかの魚とずいぶん違う魚だなぁということです。アングラーにメジナを語らせると、「とにかく警戒心が強い」を強調します。しかし、水の中のメジナを通して一番感じるのは、警戒心以上に、好奇心旺盛な魚であるということなのです。たとえば、塔の中の窓越しに携帯ストラップなどを揺らしてやると、まっさきに興味を持って近寄ってくるのがメジナ（写真③）。ここにはブダイ、イスズミ、フグ、ベラなどあらゆる魚がいるのですが、こうしたモノに反応するのはメジナのみです。特に、キラキラした光り物には弱く、まるで、どこかの世界の女子のようです。

メジナの仕掛けというと徹底的に目立たないものをというのがアングラーの常識ですが、もしかすると、カワハギ釣りに使うようなキラキラシートなどにメジナの集魚効果があるかもしれません。ただし、メジナの特徴は好奇心が強いと同時に、警戒心がとても強いことです。珍しいモノに集まってきたメジナは、ちょっと不審な仕草をするとさっと身をひるがえして遠ざかります。そしてまた大胆に近づいて来るの繰り返し。抜きんでた好奇心の強さからくる大胆さ、そして強い警戒心でアングラーを翻弄する、これがメジナ釣りの魔力の根源なのでしょう。

武士道、ヒラスズキ

ヒラスズキは謎の多い魚です（写真④）。その産卵生態もまだ確認されていませんし、季節によって釣れる海域が変わるなど、その生活パターンもまだ解明されていません。釣りはスズキと同様、ルアー釣りがメインですが、特殊です。夏場のヒラスズキはスズキと同様、河口などで釣れることが多くて、どちらかと言えば簡単にアプローチできます。ところが、秋から初夏の間は、おもな生息域が外海に面した荒磯となります。しかも、穏やかな凪の日は釣れず、大荒れになると釣れるという特異な習性があるため、難易度がアップします。釣りに行ってもゲットできる確率も低く、通い始めて何年も釣れなかったというアングラーさえいます。

そんな不運なアングラーさんやヒラスズキを目にしたことのない観客の方に見てもらおうと、ヒラスズキを飼育しています。ヒラスズキの入手はおもに釣りです。理由はヒラスズキがあまり網に入らない魚であるということと、飼育員（私を含め）が

⑤ 飼育中のヒラスズキ（左）とヒラスズキの顔（右）

釣り好きだから‼ もとい、釣りで獲った方が、ダメージが少ないからです（いえいえホント）。水槽で見るヒラスズキは圧倒的な存在感で、周りの魚たちをかすませます（写真⑤）。いぶし銀と例えられるその独特の体色、スズキとは一線を画する幅広い体、大きな目にいかつい口、強じんな黒い尾ビレ、色は地味ながら、いや、ほれぼれするような男っぷり、いや、魚っぷりです。またそんな威風堂々なところがありながら、同居する魚をいじめたりしないところが尊敬すべきところです。イシダイやメジナなどは、すぐに同居の魚をいじめにかかる意地の悪いところがある魚たちですが、ヒラスズキは違うのです。これは、元来、磯周りで根魚に近い生活をしながらも、定住せず縄張りを持たない魚だからでしょう。

ところがほめられるのはそこまで。じつは、ヒラスズキは飼育員にとっては扱いづらい魚なのです。ヒラスズキの飼育で一番困るのはエサをなかなか食べないことです。切り身を食べないのは食性から想定内です。しかし、活きエサを与えてもなかなか口を使おうとしない。どんどん痩せてしまい、やがてお腹がぺったんこ、体は弓状になり、ヒラスズキの名が泣くような細スズキとなってしまいます。活きエサに餌付くものがいても、切り身などはなかなか口にせず、やがては痩せて死んでしまうものさえいます。特に、80センチを超える大きなものは、ほとんど餌付かないという難しい魚です。まさに「武士は食わねど高楊枝」。

そんなヒラスズキですが、幸いにも小さな個体（若魚）は比較的簡単に餌付くのです。今、水槽で飼育しているヒラスズキは仲間が磯で採集してきてくれたものです。網ズレやストレスがかからないように、磯から水ごと運んできたという、ありがたいにもほどがあるという魚。それでも水槽に入れてから1か月近くはまったくエサに見向きもしませんでした。これまた小さいながらも武士の子。お腹がこれ以上ないくらいへこみ、心配し始めた1か月を過ぎたある日、突然食べ始めました。武士といえども背に腹は代えられないというところでしょうか。

それでも、本能でしょう。海の中では自分と同じ深さか自分より表層にいるものをおもに捕食しているヒラスズキは、水槽の底に沈んでしまったエサを拾って食べることはほとんどなく、かならず水中を漂うエサ、あるいは水面に落ちたばかりのエサを捕食します。水面に落としたエサに対しては、上目使いでじっと様子をうかがいながら下方から近づき、一瞬のダッシュで捕らえます。また、いくらエサがあってもガツガツと食べ続けることはありません。一つを口にしたと同時に、瞬時に体を反転させて定位置に戻るところなどは、武士の居合い切りです。その姿はこれまで私が何百回も見てきた、荒磯のサラシを割って飛び出すあの勇姿をほうふつとさせてくれます。

#23 水族館で知った魚の意外性
針を吐きだす？
食欲の秋？
コロダイ・ルアー？

担当生物：魚類全般
釣歴：15年
釣りジャンル：ルアーフィッシング全般、ぶっこみ釣り
ホームグラウンド：和歌山県南紀
釣りの夢：アジングで50センチのマアジ

吉田　剛
串本海中公園水族館

ハリを飲んだ魚の運命は？

　飼育員の仕事の一つに展示生物を集める「採集」があります。方法はいろいろありますが、魚に一番ダメージが少ないのが「釣り採集」です。網にかかった魚は暴れ回るので、どうしてもウロコがはがれたり、スレたりと、ダメージが大きくなります。その点、釣りは釣り針が口に刺さるダメージで済みます。意外なことかもしれませんが、ダメージが少ない場合、魚種によっては釣られた直後にエサを食べるものもいます。

　ところで、釣り好きの皆さまは、魚に針を飲まれてしまって、やむをえずラインごと切ってしまった！という経験があると思います（写真①）。でも、その後、針は外れるの？　釣った魚は死んでしまうの？　などなどの疑問を持つでしょう。そこで、まず、やむをえず切ってしまったラインと針、そして釣った魚はその後どうなるのかを紹介したいと思います。

　私たちは魚が針を飲み込んでいた場合、そのままラインを切ります。そんなことをした魚は飼えないのでは？と思われるかもしれませんね。しかし、のどの奥に刺さった針を無理に外す方が魚に対するダメージが大きく、その後の生存率は低くなるのです。また、魚は痛覚があま

① 釣り針をも飲みこんだアカハタ

② 魚たちが吐き出した釣り針
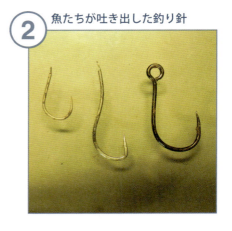

③ 自然の海水を使っているトンネル水槽

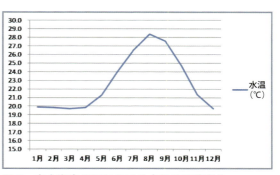

図1　串本海中公園における水温の季節変化

り発達しておらず、痛みをあまり感じないという説もあるくらいです。針を飲んでいたとしても、しばらくするとエサを食べてくれることが多いのです。

じつは、魚が飲んでしまった針は、案外、時間が経つと外れて、水槽の底に沈んでいることがよくあります（写真②）。引っ張っても外れなかったものが、一晩で外れているのを見るとまるで魔法です。また、返しが付いていなければ針やラインはフンと一緒に排出されることもあります。外れ方はいろいろで、針がさびて弱くなって外れたり、魚たちの異物を吐き出す習性によって外れたりします。

しかし、すべての魚種で針が外れるとは限りません。キスやベラ、チョウチョウウオなど比較的、口が小さい魚種は外れる可能性が高い種なのです。のどの手前に針がかかりやすく、針が胃や消化器官に達していないことが多いからです。一方、ウツボやアナゴなどはのどの奥深くまで飲み込むことが多く、外れる可能性が低いと思います。また、釣られたウツボやアナゴは、体をくねらせてもがきます。もがけばもがくほどラインが体を締め付けることになり、致命的になります。

いかがでしたか？　針を飲み込んだ魚って、案外生き残るのです。とはいえ、針は大きければ大きいほど飲み込まれにくく、返しが付いていなければ外れることが多いのです。皆さまも釣った魚が針を飲み込んでいたときは、無理矢理取らずにラインごと切ってからリリースしてください。その方がずっと魚にとって優しいと思います。

食欲の秋とは？

「食欲の秋」という言葉があります。夏から秋になると昼間が短くなって、太陽の光も弱くなります。すると、セロトニンという精神を安定させたり、食欲を調整するホルモンの分泌が少なくなります。セロトニンの分泌量を増やす方法は、乳製品や肉類を摂取することです。秋に食欲が増すのは、これらをたくさん食べることによって精神の安定を保とうとしているからです。さらに、気温が低くなると基礎代謝が低下することで食欲が増幅すると言われています。これらのことが、いわゆる「食欲の秋」の生理的な背景なのです。一方、魚も産卵や水温によって、食欲が変化すると言われています。当然ながら、私たちアングラーは、魚たちの食欲が旺盛な時期に釣行する方がベターです。では、魚たちの食欲って、本当に変化するのでしょうか。当館で飼育されている肉食魚を例に、「食欲の秋」を考えてみましょう（写真③）。

私たちの水族館で使っている水は、目の前の海から汲み上げた自然海水です。冬場はボイラーで水温を一定に保っていますが、それ以外の時期の水温は「自然海水＝水槽」の水温なのです。なので、魚たちが経験している水温には季節変化があります（図1）。串本沿岸は黒潮

④ トンネル水槽で飼育されているロウニンアジ（左）とギンガメアジ（右）

の影響を強く受けて、夏場の水温は30℃近くにもなります。夏の高水温が低下して、水温25℃を下回る秋になると、食欲のスイッチが入る魚がいます。水中トンネル水槽で飼われているロウニンアジやギンガメアジです（写真④）。

ロウニンアジやギンガメアジの産卵期は春から夏にかけてです。秋に食欲が高まるのは産卵後の荒食いも関係していると思います。この時期だけは、彼らと一緒に混泳飼育しているマアジやマルアジは、展示生物からエサへと変わります。特に、朝と夕方は活性が高まり、水面近くまでアジを追いかけています。飼育水槽でも朝マズメ、夕マズメがあるんですよ！ まさにトップを投げたら入れ食いだと思います。まじめな話、ロウニンアジは暖かい海域に棲息する魚なので、水温が高い夏場の方が食欲旺盛では？と思われるかもしれません。たしかに夏場は低水温期に比べるとよく食べますが、それでも混泳しているアジまで襲うことはありません。夏場よりも水温が下がる秋に食欲が高まることは、私たち人間と同じ「食欲の秋」がある結果なのです。

食欲の秋に突入したロウニンアジやギンガメアジですが、この時期に襲われるのは25センチクラスのアジです。トンネル水槽には、アジに似たようなシルエットのタカベやタカサゴ、同じくらいのサイズのイサキ、イスズミ、アイゴなども同居しています。これらの魚も十分にターゲットになると思うのですが、ふしぎなことに食べられることはありません。決まってアジ科の魚だけが捕食対象なのです。アングラーたちが信じて疑わない「マッチ・ザ・ベイト」は本当で、ロウニンアジやギンガメアジは明らかに捕食魚種を選んでいるのです。皆さまも秋にロウニンアジを狙う際は、アジを意識したルアーで狙ってください。ひょっとすると釣果がアップするかもしれません。

ライトルアーでコロダイ

コロダイと聞いても、どんな魚か思い浮かぶ人は少ないと思います。コロダイはタイの仲間ではなくて、イサキの仲間です。南日本の暖かい海域にいて、体の黄色いはん点が特徴で、成長すると80センチにもなります（写真⑤）。私の住んでいる南紀地方では定置網によく入る魚で、スーパーでも売っているくらいです。

コロダイは釣り魚としても魅力ある魚で、ヒットすると猛烈なパワーとスピードで根（岩礁）に潜ろうとします。ですので、根に潜られないように強引にやり取りする必要があります。パワーのある竿とリールに太いラインなど、ヘビータックルで挑むのが一般的です。その豪快さこそがコロダイ釣りの醍醐味でしょう。

私もコロダイ釣りによく出かけています。でも、普通の釣り人と違うのは、ライトタックルで狙っているところです。私は

⑤ コロダイ

⑥ 私のコロダイ釣りのライトタックル

職場で毎日のようにコロダイを観察していました。その行動生態を知るうちに、私の得意なワームを使ったアジングやメバリングのようなライトな釣りでも、コロダイに対応できると思ったからです。現に、0.4号のPEライン、3ポンドのショックリーダーにジグヘッド＋ワームというアジングタックルで40～50センチくらいのコロダイを何尾も釣り上げています（写真⑥）。そこまでライトである必要はないと思いますが、釣るポイント、釣り方などを考えれば、意外とライトタックルでも釣りになる魚なのです。コロダイの飼育観察から得た生態をベースに、ライトタックルでコロダイに挑んだ奮戦記を紹介しましょう。

水槽でコロダイを観察しているとおもしろいことがわかりました。一つ目はエサの食べ方についてです。コロダイはエサを食べるとき、何のためらいもなく一気に吸い込むようです。二つ目は何でも食べることです。殻を持つカニや貝、イカなど、これまで与えたことのないエサでも反応し、とりあえず口に入れるのです。三つ目は好奇心旺盛なことです。当館のコロダイは、いろいろな魚と飼育されていますが、水槽の中にスプーン型ルアーを入れて誘ってみたところ、まっさきに反応したのがコロダイだったのです。これらのことからコロダイはカサゴやメバルのように何にでも興味津々で、エサを見つけたら、すぐに食いつく魚だということです。ワームなどのルアー釣りでも十分に釣りになる魚なのです。

次に、ライトタックルが成立する理由です。当館の飼育スタッフは海に潜ることが多く、その際にいろいろなポイントでコロダイに遭遇します。コロダイは磯魚なのですが、根の少ないところにもいます。たとえば、ゴロタ浜や浅瀬の砂地、河口や堤防などです。アングラーのイメージとは違って、根に潜られる心配のないポイントにも普通にいる魚なのです。

これは私的な見解です。コロダイがヒットし、走り出したときの遊泳スピードは、針が口にかかる衝撃に比例すると思うのです。魚の痛覚があまり発達していないとすれば、コロダイのくちびるはとても分厚いので、よほどの衝撃を与えない限り暴走しないと思います。また、コロダイは比較的のんびりとした性格をしているように思えます。ですから、0.8～2グラムぐらいの小さなルアー針が口にかかり、軽くアワセを入れたくらいでは、瞬時に糸が切れるような猛ダッシュはせず、ゆっくりと泳ぐと思うのです。実際、私は40～50センチくらいのコロダイに釣り糸を切られたことはありません。リールのドラグ機能をうまく使って慎重にやりとりすれば、ライトタックルでも釣りが成り立つ魚なのです。

皆さまも南紀に訪れた際には「ライトコロダイゲーム」に挑戦してみてください。きっと楽しいですよ。

#24 フライと色の世界
水中環境と視覚で色は変化する

担当生物：ヒト？
釣歴：忘れるくらい長い
釣りジャンル：ソルトウォーターフライ、テナガエビ釣り
ホームグラウンド：島根県浜田市周辺の水のある所
釣りの夢：＃6ロッドで60センチくらいのセイルフィッシュを釣ること

梶　明広
島根県立しまね海洋館アクアス

基本はベイトの観察

　私の好きな釣りはフライフィッシング（疑似毛鉤釣り）で、海の魚をターゲットとしたソルトウォーターフライにはまっています。じつは、水族館に就職するまではルアーフィッシングに夢中でした。ところがです。私が水族館で働いていることを知っているアングラーから「そうか、魚の生態をよく知っているからよく釣れるんだな！」とからかわれます。それで、あえてマイナーで、新しい釣りにチャレンジしたくなったのです。そんなとき、テレビで見た海外のソルトウォーターフライを思い出し、チャレンジがスタート。とは言っても、初挑戦でさんざんな目にあっていれば話は違っていたでしょう。じつは、初物が30センチもあるカサゴだったのです。なぜ簡単に釣れたかというと、その釣り場には、魚の生態調査のために潜っていたのです。もちろん、そのカサゴの着き場も知っていました。

　さて、フライフィッシングは疑似餌釣りです。そういう意味ではルアーと同じです。ただし、ルアーは市販されていますが、フライを自作するのが至福の時間なのです。さらに、ルアーに比べて使っている材料が細工しやすく、小さなベイトを模倣することもできます。その一方で、制約もあります。ルアーはリップの形状を変えることで動きに変化が生まれますが、フライはそうはいきません。リップ付き

① 水槽の中を群泳するマイワシ

② エーベール氏（アメリカのフライリールメーカーの社長）が作ったマイワシ型フライレプリカ

のフライもあるのですが基本的にフライはベイトの形を忠実に模倣したものです。だからフライの場合、重心の位置を変えたりとか、リトリーブ（引き方）や流し方を工夫することで動きに変化を与えるのです。たとえば、エビを模倣したフライは、フックアイが頭部側にあると通常の泳ぎをしますが、尾部側にすると外敵から逃げまどうような泳ぎになるのです。

水族館で仕事をしていますから、魚の生態に精通しています。それに水族館には釣り魚も展示されています。展示されている魚から得た情報を釣りに応用することもあります。しかし、フライフィッシャーである私にとって一番の楽しみは、ベイト（釣りエサ）となる生きものについて観察することです。フライを模した魚として、イワシ（マイワシ）に焦点を当ててみましょう。

多くのフライフィッシャーがイワシを模倣したフライを作っています。しかし、先人たちが考え出したイワシのフライは驚きです。「水族館で働いていたの？」と思うくらい傑作です。普通、イワシを模倣したフライはヘッド部分を赤いスレッド（フライを制作する糸）で巻き留めたり、赤に着色しています。ところが、彼らの作品は黄色いスレッドで仕上げたものが多いのです。じつは、生きているイワシの頭頂部はややすきとおった黄色なのです。また、彼らの作品のボディーにはピーコックハル（クジャクの羽根）が使われています。水族館で展示されているイワシをよく観察すると、背中にピーコックハルと同じような模様があるのです（写真①、②）。

水中で色は変化する

フライフィッシングは歴史ある釣りですから、フライのカラーパターンも非常に多いのです。とんでもないカラーバリエーションが蓄積されています。ただし、リアルなカラーで作ったものが万能とは限らないように、色というのはあくまで人間の眼から見た色であって、釣り魚にはどのように見えているのかはわかりません。特に、色の世界というのは、魚の色覚だけでなく、水中環境が関係します。想像の世界ですが、魚から色がどういう具合に見えているのか考えてみましょう。私は、学習支援や地域支援が担当なので、小・中学校や高校、大学などへ出掛けて授業や観察会を行っています。水中を進む太陽の光について実験する機会があるのです。

太陽の光は、虹色のように、いろいろな色が混じっています。太陽の光が水中に入ると、深くなるにつれて赤系（長波長）が吸収されてしまって、青系（中波長）の色が残ります。マリン

③ 水中が青く見える実験

ブルーと言われるほど海が青く見えるのは、赤色系がカットされ、青系の色が豊富だからです。実験では、そうした水中の色の変化を再現したいと考えました。再現するといっても、水族館の水槽の水深はせいぜい数メートルです。そこで、水槽の水にワックスなどを混ぜて太陽光に近い光で水中を照らすのです。すると、みごと、浅い水槽でも水が青く見えるのです（写真③）。

水族館の展示水槽で深い海を演出するために青い光を使います。こうした水槽では、鮮やかな赤色をしている魚も少し黒っぽく見えます。観客から「あれ？この魚もっと赤くなかった？」という声が聞こえることもあるのです。水中で見える色はこのような作用で、陸上とは少し異なって見えます。

家庭で楽しめる水中の色の実験を紹介しましょう。赤、青、黄、黒色の魚の絵を白い画用紙に描きます。次に、青色透明アクリ

④ 見る角度で違う色合いになるマアジ

ル板を通して、これらの魚を観察します。すると、赤い魚が黒っぽく見えるのです。ところが、黄色や青色は色が薄くなるものの、輪郭はクリアーです。だから、青い色が豊富な水中で黄色系の色は目立たせるという意味で有効なことがわかります。フライやルアーでも蛍光イエローをベースにしたものがたくさんあるのも納得です。

紫外線が見える魚たち？

私たち人間の眼は、おおよそ400〜700nm（ナノメートル）の波長の光が見えています。色で言うなら、400nmは紫色、500nmは青、700nmは赤色がメインとなります。ちなみに、波長が400nm以下は紫外線と呼ばれていますが、私たち人間の眼では感じることはできません。

魚はどうでしょう。魚の眼には、私たち人間の視細胞と同じように、明暗を認識する桿体と色を認識する錐体があります。色がわかる錐体にはいろいろな波長（色）を感じる視細胞があるので色がわかります。さらに、私たちには見えない紫外線も感じているかもしれないと言われています。ですから、紫外線を感じる魚と感じない人間では色の見え方が違うことがあると思われます。また、紫外線は水深50センチで40％くらいまで少なくなりますから表層では十分届きます。実際、フライをUV加工するようなペンが売られているのもそのためです。

魚の色覚の話を披露させていただきましたが、釣りではどうなのでしょう。色って釣果に影響するのでしょうか？ アングラーたちは「カラーチェンジしたら釣れた！」と言いますね。でも、カラーの効果を調べるには、形の同じ疑似餌（ルアー）を用いてカラーだけを変えて、同じタイミングで比べる必要があります。

シイラを使って、同じ形ですが色が違う二つのルアーで比べてみました。一つは背中が蛍光色で、腹がパールホワイト、もう一つは背中が青で、お腹がシルバーです。この二つのルアーを同じタックルで、同時に船速9ノットくらいで引いてみました。すると、ルアーに反応して

⑤ 著者が愛用するオリジナルフライで釣ったヒラマサ

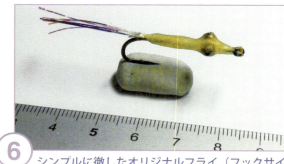
⑥ シンプルに徹したオリジナルフライ（フックサイズは#8～10）

集まって来たシイラは、背中が蛍光色のルアーに強く反応しました。結局、ヒットしたのはこのルアーだけだったのです。同じような実験をフライでも試しましたが、結果はやはり蛍光色の勝利でした。

結局どうなの

水族館にはトンネル型水槽があります。いろいろなアングルで泳いでいるマアジを観察してみました。頭上のマアジは流線型の黒い影、斜め上は流線型の銀色、真横からは薄緑と銀のツートーンカラーという具合に、いつも見ているマアジもアングルによって色が違います（写真④）。

一度、ダイバーさんに、ポッパーとフローティングミノーを下から眺めてもらいました。感想を聞くと、ポッパーは泡を吹きながら動く黒い影で、魚が泳いでいるようには見えないそうです。フローティングミノーのキラキラ反射と動きは魚のようですが、人間の眼で偽物とわかるレベルだそうです。答えてくれたのは釣りをしないダイバーさんなので、素直な感想だと思いますが、そういう疑似餌に魚は反応しているのです。

過去に岸からのフライフィッシングでヒラマサの65センチと55センチを釣ったことがあります（写真⑤）。2尾に使ったフライは同じです。2尾とも違う日に釣り上げていますが、両日とも台風通過後の南風の吹く晴天時でした。ヒットした水深も海の色もほぼ同じでした。このフライ、私のお気に入りで愛用しています。カマス類、マアジ、ヒラスズキなどにも効果があり、大物の実績もあります。

さて、このフライ、魚たちにはどんなふうに見えていたのでしょうか？ ベイトとして視認できる形と色の条件を満たせば、シンプルなのが一番ではないかと思います（写真⑥）。

結局、魚や人間の視覚からルアーやフライについて考えてみましたが、魚はいろいろな感覚器を総動員して捕食行動に至っています。また、釣りには天候などの自然が関係するので、複雑なのです。やはり釣果アップには、フィールドで魚をよく観察すること、対象魚のベイトをよく観察すること、そして、それらの上に積み重ねた経験が大切だと思います。

私は職業柄、一般のアングラーより魚についてくわしいかもしれません。しかし、限界があります。私が、生きものの声を聞く力が与えられる"ソロモンの指輪"をはめていれば真実がわかるかもしれません。とはいってもへたに魚たちの言葉が聞こえ、毎日魚たちの不満にうなされるのも困りますけどね……。

#25

タチウオ！
食わないときはヨコウオ！
幽霊魚、ジグキラーなワケ

担当生物：ヒト？、魚類繁殖
釣歴：30年
釣りジャンル：ソルトルアー（南方系）
ホームグラウンド：伊予灘、与那国
釣りの夢：1か月以上の南方遠征、釣りがテーマの水族館、パヤオ大水槽を造る

御薬袋　聡
宮島水族館

「なぜ食わない？」タチウオの逆襲

「うわー、ギラギラしとる！」「こんなに光っとるんじゃね！」「ヒレが波打って、キレイ！」「ホンマに立って泳いどるんじゃ！」。とある水槽の前ではいつもこんな会話が聞こえます。いったい何の水槽でしょうか？ 釣り好きの方ならもうおわかりですね。そうです！　宮島水族館自慢のタチウオ水槽なのです。

現在、宮島水族館は瀬戸内海の生きものを中心に、350種以上を飼育・展示しています。その中でも、タチウオは瀬戸内海のシンボルの一つとしてクローズアップしています。2011年のリニューアルオープン以来、約4年間、毎日、展示を続けています。タチウオはギラギラと銀色に輝き、あの独特の背ビレを波打たせながら泳いでいます。また、水槽の周りを暗くすることで展示効果を上げています。こんなタチウオを見れば、アングラーでなくてもファンになってしまいます。実際、タチウオ水槽は人気水槽の一つなのです。

さて、水族館で展示しているタチウオたちは釣り上げられたものです。メインは漁師さんにはえ縄漁で釣り上げてもらったものですが、私たち飼育員が釣り採集でゲットしたタチウオもいます。水族館近くの岸壁はシーズンになるとタチウオが回遊してきます。夜になると飼育員たちがいろんな仕掛けを持って釣り採集を行うのですが、"そうは（簡単に）問屋が卸さない！"のは皆さんもご存じの通り。案の定、アタリを逃したり、ラインを切られたり……なかなか思うようにはいきません。

そこで！　そんなとき！　私のような？　アングラー飼育員の出番です。普通の飼育員さんたちはイワシやキビナゴをエサにしていますが、私には少し物足りません。タチウオといえばジグです！　メタルジグ！

プライベートでもよく釣りに行くのですが、そのときも最近ではジギングがメインです。それに、広島のジギングといえば、やっぱりタチウオです。特に、冬場はタチウオファンならだれもが狙うドラゴンクラスも数多く上がります。

私はアングラー飼育員？としての人生の前半を近畿地方の水族館で過ごしました。そのときのジギングターゲットはブリを中心とした青物でした。防波堤からのショアジギングでたまにタチウオを狙うこともありましたが、ジギングで本格的にタチウオを狙うようになったのは広島に転勤してからです。ジギング船を探し、お陰さまで今ではよい船長に恵まれ、ジギングを

楽しんでいます。

広島でジギング船に乗ったときに、タチウオと青物の両方を狙うのが、嬉しくも驚きでした。もちろん、時期によっては1日中タチウオ、青物だけを狙うときもあるのですが、ほぼ周年、両方が狙えるのです。そんな中、初めて挑戦したタチウオジギングで、半日で20尾以上もゲット。すっかり広島の海の虜になりました。その後の数回の釣行でもコンスタントな釣果。が、しかし、タチウオジギングを完全に軽くみていた私は、お決まりの逆襲に遭うことになります。そうです。釣れるときはとてもよく釣れるタチウオが、釣れないときはまったく釣れないのです。それも船に装備されている魚群探知機にはしっかりタチウオの反応があるのに、まったく食わないのです。

周囲が釣れない中、コンスタントに釣り上げるアングラーがいます。どんな釣りでもそうですが、こういう方が必ずいると思います。こんなとき、「シャクリ方が今日の魚に合ってないんだよ！」と、ジギングをする人ならば言われたことがよくあると思います。できれば言うほうになりたいのですが……。この「シャクリ方」がクセ者で、なかなかできることではありません。また、名人たちには、いろいろなシャクリがあるのです。そもそも海の中で、魚がどんな動きをして、どんな反応をしているのかわかりません。ましてやタチウオなんか……？

横泳ぎするタチウオって？

うっーん！　まてよ。泳いでいるタチウオ！……毎日！……そう、私は水族館飼育員！としてタチウオを飼育しているではないですか！　水槽の大きさは縦4.6メートル、横4.2メートル、深さ2.5メートル、水量にして約50トン、そこで20〜30尾のタチウオを飼育しています。もちろん飼育しているからにはエサも与えています。当館のタチウオには活きたカタクチイワシを与えています。タチウオは水槽の中では、名前の通り立って泳いでいます。長い背ビレを波打たせながらバランスを取り、ゆっくりと静かに上下しながら銀色に輝く体を光らせて泳いでいます（写真①）。

ところがです。タチウオはいつも立ち泳ぎをしているわけではないのです。タチウオと言えども、やはり魚。普通の魚のように体を横にして水平に泳ぐこともあります。私の観察では、水平に泳ぐのは、以下の二つの場合です。

一つ目は落ち着かないとき。たとえば、タチウオの水槽は照明を暗くして、深場の雰囲気を演出しているのですが、開館前の水槽や食べ残しの掃除のときは水槽の照明を明るくします。

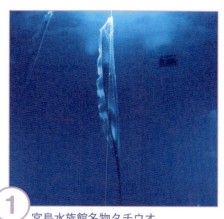

① 宮島水族館名物タチウオ

するとタチウオたちは何やら落ち着きを失い、今まで立ち泳ぎをしていたのがいっせいに横泳ぎに変わるのです。また、水槽の死魚や食べ残しを取り除くために網を入れたときや清掃道具を入れると横泳ぎになります。横泳ぎのスピードは、マダイやスズキが普通に泳ぐより少し速いぐらいですから驚きです（写真②）。

二つ目はエサに急接近するとき。タチウオは離れたところから活きたエサを見つけると横泳ぎでアプローチします。ちなみに、タチウオは数メートル離れたエサにすぐに反応します。この点、採集で眼が傷ついたタチウオはエサに反応しなくなります。タチウオは眼がよく、視覚メインでエサを探していると思います。

このようにタチウオがヨコウオに化けるのは退避行動と捕食のときでしょう。生活の中で、エサへのアプローチは短時間のことです。タチウオが横泳ぎを披露するのは退避行動がメイン

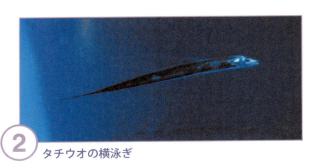

②　タチウオの横泳ぎ

ではないでしょうか。この横泳ぎをしているときのタチウオは、ほとんどエサに反応しません。

水族館でエサに反応しない横泳ぎのタチウオを見ていると、ふと重なるシーンが！　そうです！　ジギングで魚群探知機に反応しているけど、まったくエサに反応しない状況、いわゆる「底べったり反応」です。これはタチウオたちが群れでいっせいに横泳ぎで泳いでいるのかもしれません。もし、魚群探知機に映るタチウオの移動スピードが速ければ横泳ぎしている可能性が高くなります。横泳ぎをしているとすれば、おそらく退避行動か移動回遊のためと思います。こんなとき、いくらジグを落としても食いつかせるのはむずかしいかもしれませんね。

スローなシャクリ

タチウオジギングでは、ジグ（ルアー）を結んでいるリーダー（ライン）がタチウオの鋭い歯でかみ切られることがよくあります。私は相当強い50ポンド（ブリ用ラインくらい）をリーダーにしますが、それでもひとたまりもないときがあります。ひどいときは、1回の釣行でジグを5～6個も失います。ジグも結構なお値段なので、少ないお小遣いでやっているアングラーにとってはつらいですね。皆さまもこんな経験があるかと思います。タチウオはまさにジグキラーですよね。

しかし、このタチウオたちの捕食を見ているとジグキラーたる由縁がわかる気がしてきます。当館ではタチウオのエサに活きたイワシ（カタクチイワシ）を与えるのですが、元気に泳ぎ回るイワシをエサにするとタチウオが勢い余って壁やアクリルに激突することがあるのです。だから、わざわざイワシの尾ビレをカットして、あまり速く泳ぎ回れないようにしています。尾ビレをカットされたイワシはフラフラと泳ぎますが、それに狙いを定めたタチウオは下方向から突き上げるように飛びつきます。イワシに接近するときは、横泳ぎすることもあるのですが、食いつくときは必ず下から突き上げるように食いついています（写真③、④）。

さて、ここまで書くと「タチウオってエサを食べるのがへたなの？」と思うかもしれませんが、これはまだ序の口です。フラフラのイワシに対して1回目のアタックで捕食に成功することはほとんどないのです。瞬発的な動きで下から食い上げるのですが、空振りでイワシを通り越してしまうのです。平均で2～3回、多いときでは5回ぐらい空振りをしています。当然、空振りのときでも、瞬間的にガブリとかみつこうとしているはずです。これが釣りだったら、想像できますよね。ジグに空振りしたタチウオが、口に入ったリーダーをガブリとかみ切ってしまうのです。また、ジグに付いているアシストフックにスレで引っかかるタチウオが多いのもわかる気がします。タチウオはとにかく見ていてあきれるほど捕食がへたです。ジギングではスローなシャクリがよいと言われますが、尾ビレをカットしたイワシでも空振りが多いので、やはりあまり速いシャクリにはついていけないのかもしれません。

カラーチェンジ

タチウオジギングではジグのカラーローテーションが有効で、同じカラーを使い続けるとジグを見切ってしまうと言われます。以前、別の水族館に勤めていたときに、アングラー飼育員ならではの経験をしたので、紹介させていただきます。

大きな水槽を掃除するときは、水を抜いてから魚を網などですくい取ります。ところが、流木や岩をレイアウトに使っている水槽だったので、釣りで魚を取

③ 下から食い上げるタチウオ

④ カタクチイワシをくわえた瞬間

り上げることにしました。取り上げる魚は淡水魚のアマゴだったので、小型のルアーを使用しました！ もちろんフックはアマゴを傷つけないようにシングル・バーブレスでした。

仕事中に不謹慎かもしれませんが、ワクワクしながらさっそく一投。するとアマゴたちは即座にルアーに反応、一投目から楽勝。これはすぐ終わる！と思っていたら、数尾釣り上げると反応が……。しかも、次第にフッキングも浅くなり、バラシも……。すると、ついには、ほとんどのアマゴがルアーには反応しなくなってしまいました。どうやら数回のバラシをすると、アマゴたちはルアーが食べ物ではないことを学習するみたいです。しかも、ほかの魚がルアーを吐き出したり、釣られたりすると、それを見ていた周囲の魚も学習しているような気がします。

あくまでアマゴの話で、タチウオが同じような反応をしているのかどうかはわかりません。しかし、私は、この経験を思い出しながらジグのルアーチェンジを行っています。しかし、それまでにラインを切られてジグをなくしてしまうことが多いですが……。

こんなタチウオもいる！

飼育中のタチウオは基本的に活きているイワシにしか反応しないのですが、長く飼育していると、意外な行動を見せてくれるときもあります。たとえば、エサのイワシがタチウオのアタックで傷付き、水槽の底に沈んでしまうことがあります。すると、タチウオの中には体を底に付けて、サッとすくうように沈んだイワシを食べる個体がいるのです。それも、採集されてさほど日が経ってない個体でもそういった行動をします。自然界のタチウオは底のエサも食べるのではないでしょうか。

そういえば、釣り上げたタチウオの胃の中に海底に生息するイカナゴが大量に入っていたこともありました。皆さんもジグを底まで落とし、1回目のシャクリを入れたときにヒットした経験をされたと思います。海の中のタチウオたちの中にも、底付近のエサに果敢に挑んでいる個体がいると思います。

当初、タチウオはエサに対してどう猛なのに、環境変化に対しては繊細な性格をしていると感じていました。ところが、釣られたあげく、2時間かけて水族館に搬入されたタチウオの中には、翌日からエサにアタックをする個体もいます。スレなどで体に傷が付いてしまうと、傷は治ることはなくて、弱ってしまうのがタチウオです。体はデリケートなのですが、性格はなかなかよい根性をしていますね。

アングラーから幽霊魚とも呼ばれるタチウオ。私が広島で勤務するようになって、釣りの対象、飼育の対象として付き合うことになったタチウオ。釣法も多彩で、採集や輸送のむずかしさ、そして何より飼育技術もまだまだ未完成な状態のタチウオにすっかり虜になっています。

#26 アオリイカの"ハテナ"に挑む
ベイトと水温から摂餌活性を検証

担当生物：魚類全般、大水槽ではサメやマイワシ、ロウニンアジ、大型ハタ、クラゲ
釣歴：30年
釣りジャンル：エギング、シーバス、ライトゲーム、ジギングなどルアー全般
ホームグラウンド：玄界灘、長崎県北部
釣りの夢：大物も釣りたいですが、毎日釣りを楽しめる生活がしたい！！

鈴木　泰也
マリンワールド・海の中道

イカへの疑問

「なるほど……！　こうバイトするか！」「意外に口を開けないなぁ！」「これはむずかしいはずだ！」と水槽の前でマアジやスズキにエサを与えながらつぶやく飼育員がいたら、それは私です。釣り好き、水族館好きの皆さま、館内でお会いしましたら魚談義、いや、釣り魚学討論をしましょう！　お気軽にご用命ください！

私たちが釣りをしている海にはいろいろなイカたちが生息しています。どん欲にエギや活エサを追うこともあれば、ときには無反応といった気まぐれなイカたちは、私たち釣り人のよき遊び相手です。それに"海の霊長類"と言われるほど高い知能を持ったイカのことを知りたいと思うのは私だけじゃないはずです。エギンガーの皆さまも、あれやこれやとエギに細工したり、シャクリを研究したりと、日々精進されているはず。ご期待に応え、私たちを魅了してやまないアオリイカの観察奮戦記を紹介させていただきます。

釣り雑誌のルアー用語に共通して出てくるテクニックが「フォール」です。「テンションフォール」「フリーフォール」、うーん、悩ましい。フォールの共通認識は、落下するものに魚やイカが興味を示すので、捕食に持ち込むのに必要なテクニックだということです。各メーカーから発売されているアオリイカのエギの多くはフォール角度や沈下スピードにこだわり、テストを重ね市販されています。

私もパッケージの宣伝文句に誘われ即バイト！しているエギンガーですが、それなりに疑問を持っていました。数々のハテナに挑むべく、私なりに実験したことがあるのです。実験は展示水槽ではなく、水族館の裏にある30トンの円形バックヤード水槽です。ここにアオリイカをストックしています（写真①）。毎日、水温を測り、エサをやっている飼育員にとって、アオリイカの摂餌シーンはおなじみの光景なのです。

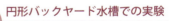
① 円形バックヤード水槽での実験

② 実験に使ったアマエビとエギ

③ 食べ残されたキビナゴ

ベイト、生エサバージョン！

　アオリイカのエサは9センチほどの冷凍キビナゴを使います。キビナゴを落とすとアオリイカたちは角度やスピードに関係なく、すばやく捕食します。しかも、エサを奪おうと何ハイものアオリイカがスキをうかがうほどのどう猛ぶりです。さて、肝心のエサの抱き方ですが、冷凍キビナゴでも20センチの活きたマアジでも、ほとんどのアオリイカはエサを横向きに抱きます。エギンガーの皆さまもエギを横抱きにしたアオリイカを釣ったことがあるのではないでしょうか。エギングに応用するなら、しっかりとアワセを入れなければカンナにかからないことがわかります。

　食欲旺盛なアオリイカたちに5センチの冷凍イカを水面から落としてみました。フォールスピードは水槽の水深1.8メートルまで5秒ほどです。冷凍イカを落とすと瞬時に数ハイのアオリイカが体の色を真っ黒に変え反応します。次に、一部のアオリイカが素早く触腕を伸ばしますが、エサのイカにタッチしなかったり、イカパンチで終わる個体が多いです。じつは、水槽にいたアオリイカたちは9月に採集された若イカ93ハイの生き残りです。実験までに約半分が共食いで死んでしまったのです。そうしたイカ同士の壮絶なサバイバルがトラウマになっていたのでしょう。若イカをエサとして与えても反応が悪かったのです。記憶とか学習能力はすごいですね。

　続いて10センチくらいのエビ（アマエビの仲間）を落としてみました（写真②）。落下直後のエビを捕食するアオリイカはごくまれで、フォールするエビを注視し、悩んだ末にゆっくりと捕食するスタイルが多かったです。アオリイカのエビへの反応はキビナゴと比べると鈍く、まったく興味を示さない個体も多いです。ただし、キビナゴの頭部は食べ残すことが多いようですが、エビの硬い頭部はなぜか残さず食べるから不思議です（写真③）。エビっておいしいのかもしれませんね。ちなみにヤエン釣りではおもにアジを泳がせますが、エビの泳がせはないですね。活きエビが入手しにくいことや、コストとエサ持ちの点ではアジに軍配が上がるのでしょう。食わせ重視なら案外エビもいけるでしょう。

ベイト、ミノー＆エギバージョン！

　8センチのミノーにシンカーをつけフォールさせてみました（写真④）。空腹のアオリイカたちはミノーに興味津々で、群れで取り囲みます。一部のアオリイカはすぐに接近し、捕食態勢をとり、軽く触腕でミノーにタッチしました。ところが、一瞬で放してしまうのです。ミノーをフォールだけでなく、ダートさせたりステイさせたりしましたが、反応はかえって悪くなりました。結局、アオリイカはフォールするミノーに対して反応するものの、イカパンチだけで終わるようです。アオリイカが魚用のミノーで釣れるくらいならミノータイプのエギがメーカーから発売されているで

④ シンカーをつけた8センチのミノー

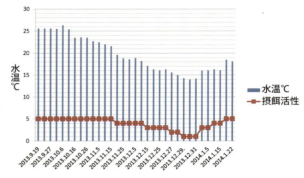

摂餌意欲（1 非常に低い　2 低い　3 普通　4 高い　5 非常に高い）
図1　飼育水温と摂餌活性の関係

メーカーからミノーと材質が同じようなプラスチックボディーのエギが発売されています。私が常連になっているボートエギング船「きずなまりん」の安井船長の話では「プラスチックボディーに対しては低活性のアオリイカには反応が悪く、使用を勧めません！」とのことです。実験結果が物語るように、興味を示してもイカパンチで終わってしまうアオリイカが多いのかもしれませんし、実際、私のタックルボックスから姿を消しました。伝統の布地のエギはアオリイカに対して違和感を与えない理由がきっとあると確信しています。

釣りたい！という衝動を抑え、あくまで実験だ！と自分に言い聞かせ、最後に本命のエギを落としてみました。ドキドキしながらフォールさせると、すぐに数ハイのアオリイカが包囲します。次に、触腕を伸ばしアタックしてきます。しかし、タッチした後に抱きかかえてしまう個体はいません。エギに対してまったく見向きもしない個体もいるのです。水槽のアオリイカであっても警戒心が強く、何度かフォールと回収を繰り返すとスレが進行してしまいました。やっぱり、すごい学習能力です。私たちエギンガーが愛してやまないエギを使っても、反応がイマイチなんて、ちょっと意外でした。ただ、水槽観察からすると、海の中では数多くのアタリを逃していると思います。シャクった後のフォール時こそ、本当に気の抜けない釣りだと実感しました。

水温依存する活性

福岡市周辺で春のアオリイカが釣れ始めるのは例年4月末、水温は16℃ほどで、親イカが回遊して来るのでしょう。ですから、水族館のアオリイカ水槽の水温は16〜20℃を保つようにしています。では、16〜20℃の水温で摂餌活性は変化するのでしょうか？　水温と摂餌活性の関係を飼育員なりに評価してみました。アオリイカは32ハイ収容し、エサは1日朝夕2回、キビナゴ約100尾としました。評価は5段階で、評価5はエサを落とすと水面付近で奪い合うほどの活性で、食べ残しはゼロ。評価4はエサが水底に落ちるまでにほとんどが捕らえられるか、水底に落ちてもすぐに触腕を伸ばし抱きかかえられる。評価3は、触腕を伸ばすのに躊躇することもあり、慎重にエサを抱える状況。じっくり時間をかければほとんどのアオリイカがエサを食べる。評価2は、半数のアオリイカがエサを食べる程度。評価1はまったくエサに反応しないアオリイカが多数いる状況です。結果はと言うと、みごと水温と同調しています（図1）。おおむね20℃前後なら評価5で活性が高いようです。逆に、水温15℃を境に摂餌意欲がなくなってしまい、14℃台が数日続くとエサを食べず、衰弱死するアオリイカもいました。私た

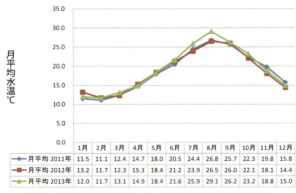

図2　水族館地先500メートルの水温の季節変化

ち人間なら1℃の気温変化を感じて体調不良になる人は少ないでしょう。しかし、アオリイカにとっての1℃は生死にかかわるほど重要なのです。

それでは釣り場の海水温はどうでしょうか。水族館へ供給されている海水は玄界灘の500メートル沖（水深10メートル）にある取水ポンプから汲み上げたものです。その海水温の季節変化を図にしました（図2）。15℃がアオリイカの摂餌限界温度で20℃がベストシーズンとすると、アオリイカが狙えるベストシーズンはとても短いことがわかります。もちろん、ショアからのエギングでは、浅場の水温変化に応じてアオリイカの活性も変わるでしょうし、人的（釣獲）プレッシャーも高いので、水温によっては大苦戦もあるでしょう。

ところで、展示用のアオリイカは水温調節することで産卵を抑制すれば長期飼育も可能で、多くの観客の方（エギンガー）を喜ばせることができます。展示しているクラゲたちの寿命は数週間から長くて1年足らずですが、低水温で延命しています。マイワシ、大型ロウニンアジ、サメを混泳飼育している大水槽があります。お客様から"イワシの食べ放題"と誤解されることもある水槽です。しかし、微妙に水温をコントロールすることで肉食魚の捕食とイワシの被食を最小限にしているのです。

水族館の水槽の水温は私たち飼育員が常にチェックしていますし、電子制御もされているのです。そして0.5℃の変化でも海洋生物の捕食や寿命に大きく影響するのです。展示生物の共存バランスを保つのは簡単ではありませんが、絶妙な水温調節での生きもののコントロールは飼育冥利に尽きます。それに、水槽展示を通じて釣り魚の活性が高いときの水温がわかって、いろいろな釣りにも応用できるのも職権です。とはいっても、フィールドに足しげく通っても大爆釣！とはいきません。釣りは果てなきハテナと課題がある趣味だと自分に言い聞かせる毎日です。

2億年後のイカを釣るぞ！

イカを展示すると観客の方は口々に「おいしそう！」とおっしゃいます。透き通ったイカを見れば、活魚料亭で食べる活きイカが連想されるはずです。私もシーズンになれば美味で高級なアオリイカを家族で囲んでいます。いつもお世話になっている佐賀県唐津市星賀港の遊漁船「きずなまりん」のお陰です。気さくな安井船長がたっぷりと釣らせてくれるのでエギング船を楽しみたい方におススメです!!

『フューチャー・イズ・ワイルド』（ドゥーガル・ディクソン／ジョン・アダムス著）では、2億年後の地球の生きものの主役はイカです。なんでも氷河期にほ乳類などが絶滅した後、イカたちは陸上生活にシフトするそうです。知能や視覚に優れたどう猛なイカが、人類に代わって2億年後の世界を支配するなんて、イカジャンキーの私にとってはゾクゾクする話です。相手に不足はありません。いつか夢の中で2億年後のイカを釣ってみたいものです。

イカの視覚

宮崎　多恵子（三重大学大学院生物資源学研究科）

　イカやタコは擬人化された宇宙人としてよく登場しますが、その原点をたどると、『宇宙戦争（The war of the worlds）』という本のデザインとして「タコ型宇宙人」が描かれたのが最初のようです。擬人化された彼らの眼は強調して描かれていて、「眼は口ほどに物を言う」のことわざが示すように、私たちと同じような景色を見て、同じような感情をもっているようにさえ感じます。もちろんイカやタコは宇宙人ではなく、れっきとした地球上の動物なのですが、遠い昔、頭足類と脊椎動物とは進化の道筋を別にしたのです。頭足類は旧口動物、脊椎動物は新口動物です。それなのにお互いにとてもよく似た「カメラ眼」を作り上げました。これは「収束進化」といい、発生の起源や形成された仕組みがまったく違うのに、形や機能がそっくりなものを進化の中で獲得することの代表例です。

　「カメラ眼」と呼ばれる眼は、カメラボディ（眼球）の中に、光を1点に集めることができる水晶体（レンズ）と、像を映すフィルム（網膜）があります。水晶体は透明な球形をしています。光は空気中から水に入るときに大きく屈折するので、人の眼では水分をたくさん含んだ角膜が集光の大半の役割をするのです。頭足類は水中に棲んでいるため、水に接している角膜は光を屈折させる役目を十分に果たすことができません。そこで彼らは水晶体を球形にすることで光の屈折率を補っているのです。脊椎動物でも水中で生活する魚たちは、頭足類と同じ球形の水晶体を持っています。

　水晶体は頭足類も脊椎動物もお互いに「表皮」から作られているので、材質は同じクリスタリンというタンパク質です。しかし、網膜はというと材質から違っています。脊椎動物の網膜は「脳」の一部から発生するので「脳」と同じように細胞が層状に積み重なっていて、入ってきた光情報を処理する能力があります。ところが、頭足類の網膜は皮膚由来なので、入ってきた光を受け取るだけの能力しかなく、光情報処理は眼球の外側にある「脳」で行います。

　網膜の中にある光を受け取る細胞（視細胞）を比べてみると、人の場合、明るい場所で働く「錐体」と薄暗い場所で働く「桿体」が分業をします。錐体は細胞ごとに赤、青、緑のいずれかの波長域の光を吸収する「オプシン」というタンパク質を含んでいて、桿体は緑域にピークがある「ロドプシン」を含んでいます。一方、頭足類の網膜には桿体に相当する細胞1種類しかありません。色の見分けはオプシンあるいはロドプシンを2種類以上持つことでできるようになるのですが、頭足類は緑域（480〜500nm）の光に感度が良いものの、色の見分けはできないということになります。例外としてホタルイカはちょっと違っていて、1種類のロドプシンで3つのピーク波長を持つようになっています。

　では、頭足類は短波長（紫外線や青）や長波長（橙や赤）の光はわからないのか？という疑問がわきます。はっきりとしたことを示す研究はないのですが、もしも各波長に対してどのくらい吸収するかを示した光吸収曲線（ロドプシンの場合は緑にピークを持つなだらかな山型の曲線）の裾野部分が広ければ、その付近の波長の光も少しは吸収していることになりそうです。感度は高くはないかもしれませんが、感じ取ることはできると考えてもいいでしょう。ただし、その前提として、光が網膜に届くまでには角膜や水晶体を通過するので、そこでどんな波長の光がカットされるかも調べておかないといけません。これをアオリイカで測定すると、長波長域は緑域と同じくらい、紫外線域でも緑域の70%くらいは透していることがわかりました。

　色の見分けは得意ではない頭足類ですが、「偏光を感知する」という能力を持っています。頭足類の視細胞は細長く、側面に「微絨毛」というとても細かい毛を出しています。ロドプシンの分子は棒状の形をしていて、この毛の中に毛とほぼ同

じ方向を向いて含まれているのですが、ロドプシンがもっとも効率よく光を吸収するのは、光がロドプシンに対して平行に当たったときです。視細胞は4つが1組になって「感桿」というユニットを作り、きれいな格子状に整列しています。光の粒子1つ1つは波のように振動しながら進んでいるので、微絨毛が規則正しく並ぶことで光の振動方向、つまり偏光を感知できるというわけです。

眼の機能を考えるときに一番気になるのが「視力」です。「視力」はものの細部を見分ける能力で、私たちは視力測定で黒いリングの切れ目が区別できるかどうかを調べているのです。魚などの脊椎動物の視力を解剖学的に調べるときは、水晶体の直径（＝焦点距離）と網膜の細胞密度（＝フィルムの画素数）から数式を使って計算します。細胞の密度は網膜の中で少ないところと多いところがあり、密度が一番高い部分と水晶体の中心を結ぶ方向が視力の一番きく方向で「視軸」と言います。アオリイカの視軸を調べてみると、腕側のやや斜め下方向にありました。アオリイカはこの方向でエサを見つけているのかもしれません。

頭足類では、細胞から脳への情報ネットワークがわかっていないため、脊椎動物の式を代用してアオリイカの視力を計算してみました。すると0.6〜0.9になりました。マダコでは0.7〜0.8と報告されています。彼らの視力は人の1.2〜1.5に比べると「悪い」ですが、同じ水中生活者の魚は0.1〜0.4なので、魚よりは「良い」かもしれません。ちなみに、0.9の視力でどれくらいの距離から物体が見えるのかを単純計算すると、体長3センチのエサなら9メートルから、10センチのエサなら30メートルから見えるという計算になります。水中では光の減衰が大きいので、実際にはいくら良い視力をもっていても、物体を見ることがきるのはせいぜい30メートルと言われています。つまり、光の減衰が大きい水中では物体の細部を見分ける「視力」よりも、「光感度」や、光が来ている方向を正確に知る「偏光感覚」のほうが、生き残り競争のための重要な機能なのかもしれません。

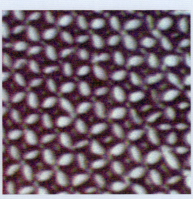

アオリイカの網膜の縦断面で細長く並んでいるのが桿体（左）。横断面では桿体がきれいな格子状に整列している（中）。桿体4つができている「感桿」ユニットの電子顕微鏡像（右）

#27 オキゴンベとワームバトル
学んだのはエサのマッチングと警戒心の解除

担当生物：イルカ、セイウチ、コツメカワウソ
釣歴：28年
釣りジャンル：ソルトルアーフィッシング
ホームグラウンド：大分全域から宮崎にかけて
釣りの夢：300キロのマグロを釣る

澤田　達雄
大分マリーンパレス水族館「うみたまご」

釣りは役に立つ

　展示水槽にはいろいろな魚が泳いでいます。その水槽から決まった魚を取り出すのはたいへんです。サンゴやブロックが複雑に組み込まれている水槽だと、網で捕まえることはまず無理です。そこで役に立つのが釣りというわけです。

　たとえば、大回遊水槽にいるマルコバン（マナガツオの仲間）が大きくなりすぎて間引くことがありました。水槽の上に組まれているキャットウォークと呼ばれる足場が釣り座です。ラインを切られてしまうと釣り針が付いた魚が展示水槽を泳ぐことになってしまいます。ですから、本気でガチンコファイトできる大物タックルで望みます。

　アオリイカを予備水槽から展示水槽へ移動させるときも釣りが役に立ちます（写真①）。イカや魚の体は細菌が侵入しないように粘液で守られています。ところが網ですくうと粘液がはがれてしまい、ときには擦過傷になって死んでしまうことも。なので、アオリイカをエギで釣り上げ、水を張った大きなバケツに収容し、展示水槽へ移動させたりもします。じつは、これがイカたちにとってストレスがかからない移動手段なのです。

　「うみたまご」には、いろいろなサイズの展示水槽があります。なかでもイソギンチャクやサンゴを背景にクマノミやハタタテハゼが泳いでいる熱帯水槽は人気です。そしてさらなるレベルアップを目指して、個人的にも好きなカラフルなエビの仲間も入れたらどうかと、担当者に提案したことがあります。すると、意外な返事が返ってきました。「アイツがいるからダメ！入れても食われてしまう！」。アイツ？　じつはこのアイツというのは"オキゴンベ"という魚でした。オキゴンベはサンゴ礁域に生息する小型の魚で、体は鮮やかなオレンジ色です（写真②）。肉食性なので釣りの外道としてまれに釣れることはありますが、マイナーな魚です。エビとカニを入れたいために「どうしても！」とお願いしたところ、オキゴンベだけを間引

① イカから姿が見えないように立ち、そっとエギを投入

② 鮮やかな体色と背ビレの突起が特徴のオキゴンベ

③ キョロキョロとよく動く目でワームをじっと観察

くという条件でOKをいただきました。

そうなれば、釣りの出番です。でも、ご心配なく。私のテーマは「オキゴンベ釣り」ではありません。水族館でのオキゴンベ釣りを通じて「釣り魚がエサに食いつく条件」を考察してみたいと思います。

チャンスはお食事タイムとは限らない！

もちろん、私にとって初めてのオキゴンベ釣りですが「まぁ、ちょちょいと釣り上げられるだろう」とたかをくくっていました。まずはオキゴンベが日中どんな行動をしているのか観察です。オキゴンベは、居心地がよいスペースがあって、しかも、周りの状況を見渡せる岩陰にいます。いつもは岩陰に潜んでいるようですが、よく見ると、時折、顔を出して外の様子をうかがい、ササッと外に出て岩の上に乗り、キョロキョロっと辺りを見渡し、そしてふたたびもとの岩陰に隠れてしまいます。思ったより警戒心が強い魚です。

では、エサやりの時間はどうでしょう。オキゴンベのいる水槽にはフレーク状の人工エサを与えていました。担当者が水槽上部からエサをまくと熱帯魚たちがいっせいに群がります。それに反応してオキゴンベも岩陰から顔を出します。ところが、一気にエサには飛びつかず、周りを警戒しています。次に、目の前に落ちてきたエサをパクリと食べると、岩陰から出て岩の上に移動してエサをパクリ。移動とパクリを何度か繰り返しているうちに警戒心からも解放され、水面近くまで浮き上がりエサを食べたのです。

観察から釣り上げるチャンスはエサやり時間で、特に、エサに夢中になって浮上するタイミングがベストと判断。さっそく、仕掛けを用意しました。水槽での釣りですから長いロッドは無用の長物です。2本継ぎロッドの先端側トップガイドにラインを結び、0.9グラムのジグヘッドに1.5インチのワームをセットしました。

午前9時の開館前が朝のお食事タイム。さあ、実釣開始です。担当者がエサを入れると岩陰からオキゴンベが顔を出してきました。例によって少しずつ活性が上がって、浮上開始。チャンス！　ベストのタイミングでワームを投入。目の前にスローフォール。次の瞬間、勢いよく食いつく！……と思いきや、オキゴンベはワームを無視し、ホバリングしながら人工エサだけを食べています。結局、一度もワームに反応することなく時間切れです。あまりに、あっけない。肩透かしをくらった感覚です。

なぜ、オキゴンベはワームに対して無関心だったのでしょうか。後で考えてみると、エサの形や動きが人工エサとワームとでは全然違うからでしょう。人工エサのフレークは平べったく、大きさはゴマの粒ぐらいから1センチくらいです。オキゴンベが飼い慣らされた人工エサに一心不乱のときに、形も動きも違うワームを投入しても見向きはしてくれないのかもしれません。食事タイムの時間帯に魚の活性が上がるのはたしかですが、そんなときでも釣れる保証がない

④ オキゴンベが泳ぐ熱帯水槽

⑤ オキゴンベとの知恵比べ。身を低くして、水槽に近づき寝転がる

水槽の魚から観客は見えない！

オキゴンベを釣り上げるにはどうするか？ 原点に戻りました。そもそもカニやエビが熱帯水槽に入れられない理由は、オキゴンベに食べられるからです。飼い慣らされたオキゴンベもカニやエビには野生本能をくすぐられ、食いつくのです。ということで、再チャレンジは、朝の食事タイムの前に、しかも、ワームはエビのアクションでアプローチということになりました。

いつも顔を出す岩陰の前にワームを落とし、ボトムバンピングで誘います。エビの動きを再現するようにワームを誘い上げては底でステイを繰り返すのです。すると穴の奥のほうでソワソワしていたオキゴンベが、辺りを警戒しながら巣穴から顔を出しました（写真③）。「チョン！ チョチョーン！ チョーン！……」と動くワームに飛び掛かりそうになった瞬間……おそらくそんなに長くはなかっただろうと思うのですが……事件は起こりました。オキゴンベと私の目が合ったのです。オキゴンベはそのままＵターン。なんたる不覚でしょう。

「水族館の魚から人は見えないの？」と、疑問に思ったことはありませんか。普通の展示水槽の中の魚からは、人は見えないのです。水槽の内部は上部の照明で明るくしてあります。逆に、観客がいる方は水槽内がキレイに見えるように極力暗くしてあります。そのため、水槽内の魚から観客は見えにくいのです。簡単な例だと、お遊戯会でステージに立ったとき、観客が見えないのと同じですね。また、ガラスの反射で、魚自身の姿が映るので魚たちは水槽のガラスにぶつからないのです。

このことを知っていますから、私は堂々と水槽の前に顔を近づけ、ワームとオキゴンベを見学しながら釣りをしていました。ところがです。オキゴンベが泳いでいる熱帯水槽は360度観客から見ていただけるように館内にポツンと独立しています。しかも、水槽の周囲も照明で照らされているためオキゴンベから私の姿が丸見えの状態だったのです（写真④）。こうなると、熱帯水槽の周りの照明が消える閉館後がチャンスです。

あっけない決着

決戦の日がやってきました。オキゴンベと顔を合わせることがないよう、水槽からできるだけ離れ、床に寝転がるようにして身を隠し、水槽の上から仕掛けをそっと投入します（写真⑤）。ロッドも普通の長さにしてリールをセット。手元のリールのラインを操作することでワームアクションを演出します。そして巣穴の前で「チョン！ チョチョーン！ チョーン！……」、すると、一気にオキゴンベが飛び出してきてワームに飛びついたのです。突然の出来事で、あまりにもビックリして、思わずアワセてしまいましたが、フッキングにはいたらずワームが無情にも水槽の上部から飛び

出してきました。カラアワセです。ワワワワッ～となっている私のことはお構いなしに、オキゴンベはまだ穴の外でキョロキョロしていました。

　急いでふたたびワームを投入すると、次は底についたワームに飛びついてきました。しかし、ワームが大きすぎたのか、すぐに吐き出してしまいフッキングできません。サッと回収しワームを歯で食いちぎって小さくし再度投入。しかし、アレ？　さっきまでの勢いがありません。目でワームを追いながら、気にはしているようですが、スレてしまったのでしょうか。

　そこで、ワームカラーを緑系に変えて、大きさもさらに小さくして再度投入です。しかし、ジッとして、ワームの動きを確認しています。もうこうなったらヤケクソです。ひたすらシェイキングにダートを交えたアクションで攻めて、2分ぐらいたったでしょうか。さすがに、もう厳しいかな……と思いつつ、ボトム付近のワームを大きく水面に向けてダートさせたその瞬間です。慣性の止まったワームに目にも止まらぬ早さでオキゴンベが飛び掛かり、パクリ！即座にラインを張りみごとにフッキングが決まりました。なんとあっけない幕切れだったことでしょう。もうこのときのただの釣り人と化していた私は、一人、真夜中の館内で絶叫。

釣り上手は、立派な飼育員？

　「水族館の魚は釣りやすいでしょうか？」という皆さまの疑問に対して答えるなら、「ノー」です。むしろ、水槽の中のオキゴンベを釣り上げるまでの一連の過程から実際の釣りに活かせる場面や確証を得た感があります。

　人工フレークに慣れたオキゴンベがワームに見向きもしなかったように、魚は楽に食えるエサがたくさんあるときは、常食しているエサに見向きもしないことがあるのです。実際に釣りに行ったとき、まったくアタリがないことがあります。こんなときは、「魚がいないんだろうな……」と、自分を無理に納得させてしまいがちです。じつはそうではなく、そのとき、食べているエサにマッチさせたアプローチができなければ、魚は見向きもしないこともあるのです。

　人と目が合ったり、ワームの動きに違和感を持ったオキゴンベがなかなか釣れなかったように、釣りとは魚の警戒心との戦いだということです。魚たちが自然の中で生き抜いていくためには自分の身を守ることも大事です。魚はバカではありません。大きな魚になれば、警戒心は増し、より用心深くなるでしょう。逆に、生きていくためには本能のまま生きることも大切です。本能的にエサだと思ったら食べることも必要なのです。

　魚の警戒心をなくしてやり、本能を引き出せば釣り人の勝ちです。決戦の最後の最後、オキゴンベの心の中は揺れ動いていたことでしょう。ワームを見て「これは怪しい、偽物かも？」と感じていたはずです。しかし、アクションとカラーチェンジで摂餌本能が刺激されたのです。2分という時間が長かったのか短かったのか、はたまた適当だったかはわかりませんが、オキゴンベの警戒心が徐々に薄れていったのはまちがいないでしょう。そして、ワームがボトムから一気に跳ね上がった瞬間、警戒心というリミットが外れ、本能がむき出しになったのです。

　じつは、水族館で生きものを飼育するための一つのコツは、いかに魚の本能を引き出して、飼育環境に馴致させていくかです。飼育している魚たちに与えているエサは、彼らが自然界で食べているものとほとんど異なります。どんなに珍しい魚、大きな魚、かわいい魚、かっこいい魚でもエサを食べさせることができなければ死んでしまうのです。言い換えれば、エサを食べさせることができれば一番大きな壁を乗り越えたも同然です。これはどこか魚釣りと共通していませんか？　魚を観察し、その魚の目線で考え感じることが基本です。魚釣りがうまい人はもしかしたら、立派な水族館の飼育員になれるのかもしれないですね。

#28

食わない魚にエサを食わせる
捕食音は摂餌をオン、警戒をオフに？

担当生物：カツオ、マグロ類、ウミガメ類、アオリイカ
釣歴：23年
釣りジャンル：カヤックでのテンヤ、タイラバ、ジギング、エギング
ホームグラウンド：鹿児島南薩地域
釣りの夢：鹿児島県初記録種になる魚に出会ってみたい

土田　洋之
いおワールドかごしま水族館

デビュー前の裏側

　水族館で華々しくデビューする魚たちは、その前に水族館のバックヤードにある予備水槽で飼育されます。そこでは採集時のスレや傷の治療、投薬による細菌感染の予防や寄生虫の駆虫などが行われます。薬の投与方法は、私たちが飲み薬を飲むように、魚たちも経口投与といって、エサに薬を混ぜて投与します。しかし、水族館に運ばれてきた魚たちは飼育環境に慣れていませんから、なかなかエサを食べてくれません。
　体サイズや収容する水槽の大きさに合わせその対処法もいろいろです。直接、薬を体に吹き付けたり、筋肉に注射することもあります。ダメージやストレスも極力抑えられる方法としては、薬浴があります。飼育水に薬を溶かし、エラや体表から薬の有効成分を浸透させるのです。
　ケアーの次に大切なことは、魚を人工的な環境に慣らし、エサを食べさせることです。魚によっては人影や照明の点灯・消灯に驚き、壁に衝突してしまうこともあります。そんな場合には水槽を暗幕で囲ったり、微光の照明を使ったり、なるべく視覚的な刺激を少なくするようなアイデアを巡らせます。夜になると岩陰に隠れたり、砂に潜って眠る魚には、岩や砂を入れて落ち着ける環境にします（写真①）。
　搬入した魚の餌付けは翌日からスタートします。魚は運搬で弱っていますから、早めのエネルギーの補給が必要です。それでなくても不慣れな環境によるストレスで抵抗力は低下するのです。エサからのエネルギー補給ができなければ、少しの傷が致命的になってしまうこともあります。とはいっても、餌付けは簡単ではありません。水族館では自然界で食べていたエサではなく、冷凍エサが主です。環境の違いや慣れないエサなど、いわばハイプレッシャーな条件で魚に口を使わせる！のです。
　餌付けは失敗の連続です。底に散らばった残餌を掃除する虚しさは、釣りでボウズをくらったときのようです。ただし、根気よく続けていると、「激しい動きには反応は薄い」、「アプローチ圏内にゆっくり落ちるものに反応がよい」など、魚たちはかならずヒントを与えてくれています。「魚の眼の前にゆっくりエサが届くようにするには、どの位置から落としたらよいか？」、「釣り糸を使って、エサの提示時間を長くしよう！」など、釣りと同じように、トライ・アンド・エラーを繰り返し、やがて餌付けが成功するのです。餌付けを通して知り得た魚たちの摂餌生態を中心に紹介したい

① 水族館の裏側にはたくさんの予備水槽が配置され、展示水槽同様飼育管理が行われている

と思います。

エサに警戒することもある

　魚の種類で餌付けの難易度は変わってきます。カツオやマグロのように泳ぎ回っている魚や成長が盛んな幼魚たちはエネルギー要求量が高いので、搬入して数日中にエサを食べます。ところが、ハタの仲間ように自分のテリトリー内でじっとエサを待ちかまえるタイプはそうはいきません。食いだめできるので、少しくらい食べなくても大丈夫、しかも、ものすごく神経質な一面を持っています。

　私が魚との根比べを経験したのはアカハタでした。エサを落とすと眼では落ちていくエサを追ってくれますが、それ以上は反応しない日が続きます。その間も、アジ、キビナゴ、イカなどのエサを試し、少しでも反応のよい条件を探ります。その繰り返しが続き、やがて「今日こそ食ってくれ！」、「今日もダメなのだろうか……？」、そんな思いが入り混じり始めるころ、ようやくエサへの好反応が見られます。しかし、落ちてくるエサに近づきますが、すぐに口を使うことはありません。じっと間近で見つめ、「おっ！食べるか！」と思った瞬間、プイッと反転していってしまう姿はじつにじれったいものです。

　それでも魚がエサに反応する姿を見ていると「絶対に食わせたい！」と意地になるのがアングラー飼育員の性(さが)というもの。活きている小魚を演出するため、エサに釣り糸を付けて動かしたりしますが、小魚をひと飲みにするイメージとは違い、まったく反応しません。また、水槽の水流を利用してエサを誘導する方法もあります。ただ、この方法は要注意で、水流の強さや向きに気を使わなければなりません。なぜなら、魚自身より小さなエサにもかかわらず、急に向かってくるエサにはビビってしまいます。しかも、その後は警戒するようになり、かえって逆効果になることもあります。エギングのサイトフィッシングで、ついつい力が入りすぎて、イカにエギを急接近させると、クモの子を散らしたようにイカが逃げるのと同じです。

群れと性格

　新しく搬入する魚、いわゆる新入りの魚を、古顔の魚が入っている水槽に搬入したことがありました。餌付けに慣れてきた古顔の魚たちはエサに対して争うように飛びついてきます。こうした古顔たちの行動は、新入りさんのトラウマを解消させるのか、新入りさん単独で飼育するよりエサに対する反応がよくなることがあります。また、群れで生活する魚は、群れの中の1尾がエサを食べると、連鎖的に餌付いていきます。さらに、ある個体が吐き出したエサを、別の個体がくわえるなど、集団でエサを確認するような行動が見られます。群れ全体でエサの情報は共有されるようです。

　その一方で、魚の種類でも性質が違います。なので、種によってエサへのコンタクトはいろいろです。くちびるで確かめるようにタッチしたり、口に入れては吐き出したりします。もちろん、餌付けのときには、食べやすいようにエサの大きさを変えてみたり、対象魚によってはオキアミの殻を取り除くこともあります。私たちがエサに対して神経質になるのは、魚がエサを嫌がってしまうと、かえって餌付けを長引かせるからです。できるだけそういったリスクを排除するためにも、もの言わぬ魚の性格を見つけ出さなければな

②用心深くエサを見つめ（左）、確認するかのように軽くエサに触れるも……（中）警戒してか飲み込もうとはしない（右）

りません。

水族館の魚もスレる〜釣れないサバ〜

当館の黒潮大水槽には、年に一度、3万尾以上のカタクチイワシを収容します。ダイナミックな群れの動きはまるで一つの大きな生きもので、お客様を魅了してくれるのです。ある年、カタクチイワシにマサバの幼魚が混ざっていたことがありました。マサバたちはカタクチイワシと同じようにエサを食べていましたが、みるみる大きくなって、やがてカタクチイワシを食べるようになったのです。これでは困る！ということで、マサバだけを取り除く方法として選んだのが釣りです。

水族館の水槽でのマサバ釣り、最初は入れ食いで、簡単に終わると思えました。しかし、マサバが残り数十尾くらいになったところから一変しました。警戒してか、まったく釣れなくなったのです。エサを変えたり、細仕掛けにしたりと、工夫してみますが、マサバは見向きもしなくなったのです。しかし、定刻のエサやりの時間には、しっかりエサを食べていました。そこでエサやりの時間に合わせ、マサバだけに神経を集中し釣り糸を垂れてみました。すると、それまで寄りもしなかったマサバがポツリポツリと釣れ、ようやくほとんどのマサバを釣り上げることができたのです。マサバはほかの魚たちの活性が高くなったので、油断したのでしょう。

慣れた魚も警戒する

魚たちは、毎回、同じところからエサを与え続ければ、その位置を覚えます。当館のサンゴ大水槽ではハタ科の中でも一番大きくなるタマカイを飼育しています。水槽に慣れたタマカイはエサの落ちてくる位置も覚え、飼育係の気配を感じると、その位置で身構えるほどです。エサが落ちてきたなら、大きな口を開け、引圧水塊を作り出して20センチもあるアジを丸飲みします。

ある日、タマカイの摂餌シーンを撮影するため、いつもと違うところにアジを投げ入れてみました。普通なら第一投目のエサは勢いよく食べるのですが、近づいてきたものの途中でUターン。いつものお決まりの給餌位置で待機しています。その後もエサを投げ入れましたが、じっと見つめるのみで、とうとうあきらめてテリトリーに帰ってしまったのです。飼育に慣れた魚でも、エサの落下位置がいつもと違ったり、違和感を感じたりした場合は、警戒をあらわにするようです。余談ですが、タマカイが警戒しているときは、大きく口を開け瞬時にエサを丸飲みするのではなく、ついばむようにエサを確かめているようで、ものすごく慎重です（写真②）。こういったシーンを見ると、警戒している釣り魚がなかなかエサを飲みこまないのも納得ですね。

さて、話には続きがあります。タマカイに無視されたエサは着底しました。そのエサに対して小魚たちがものすごい勢いで群がり、奪い合うように食べ始めました。すると、遠くにいたタ

マカイが、突然、泳ぎ出し、その様子をうかがうかのように近づいていったのです。タマカイの接近に危険を感じた小魚がバッと散った瞬間、ようやくいつものようにアジを一飲みしたのです（写真③）。

捕食音は摂餌スイッチをオンにする？

「古顔と同居させると餌付けが早かった」「釣れないマサバが釣れ出した」「神経質になった大型魚が小魚のエサを奪った」など、これらの現況に共通する捕食行動スイッチは何なのでしょうか？ 「エサを食べ、外敵から逃れ、子孫を残す」ことは魚が繁栄する上で最も大切なことです。なかでも「エサを食べる」ことは、成長と成熟を促し、サイズ的に食べられる危険性を少なくしますから、最優先イベントでしょう。そして、自然界では多くの生きものは「食べる・食べられる」の関係で関わり合いながら生きています。広大な海の中でエサを求めて泳ぎまわる魚も、岩礁に居着く魚も、確実にエサをキープするには、エサに出会ったチャンスを逃さずに捕食しなければいけません。その一方で、群れや隠れ家から飛び出し、捕食行動に集中することは、外敵に襲われる危険性を高くするのです。もし、小魚や群の仲間が夢中でエサを食べているなら、近くに外敵はなく、エサを食べていても安全だ！ という判断材料にもなっているのではないでしょうか。

海に潜ると「チッ…チッ…」、「ガッ…ガッ…」、「カチッ…カチッ…」と、じつにいろいろな音が聞こえ、海中がにぎやかなことに驚きます。音の出所を探ろうと息を止めて耳を澄ますと、意外に遠くの魚たちの索餌音や摂餌音が聞こえてくるのです。音の正体は、ブダイがサンゴを食べたり、ベラが口を使って小石をひっくり返してエサを探しているのです。

音は魚の行動にも大きく影響していることが知られています。エサを視覚的に認識することは摂餌の最終段階ですが、透視度が低い海域では音も重要な情報源です。魚の摂餌音はエサの存在を知らせるので集魚音にもなり、しかも、警戒レベルを緩和するサインにもなるのではないでしょうか。

ゴールは違いますが、食わない魚にエサを食わせる飼育と魚釣りは、互いに似た一面があります。水族館は水中の様子がアクリル越しに観察できます。もしかしたら、釣り糸の先の悩みは、近くの水族館で解決できるかもしれません。

「エサを食いに行く」、「捕らえに行く」ときは瞬時に口を開け、エサを吸い込む

③

#29 美ら海の釣り魚生態
モンスターでイメージトレーニング

担当生物：黒潮の生物（ジンベエザメ、ナンヨウマンタ他）
釣歴：32年
釣りジャンル：ホシギスの投げ釣り、仲間と一緒に行く船釣り
ホームグラウンド：沖縄本島北部西側海域
釣りの夢：自分より大きな魚を釣ること

山城　篤
沖縄美ら海水族館

美ら海の釣り魚たち

皆さま、タカサゴという魚をご存知でしょうか。"沖縄県の県魚"で、グルクンと呼ばれています。20〜30センチくらいの大きさで、とっても美味です。体は熱帯特有のカラフルな色で、興奮すると黄色のシマ模様が現れ、お腹が鮮やかな赤色になります。タカサゴのカゴシビキ釣りは、沖縄の船釣りで最もポピュラーでしょう。ポイントは水深20〜50メートルのサンゴ礁の根（岩礁）です。ところが、せっかくタカサゴがヒットしても仕掛けごとひったくられることがあります。犯人はスジアラやマダラハタといった、いわゆる大型のハタたちです。「タカサゴを食べるなんて！」と思われるかもしれませんが、ハタの仲間のスジアラは沖縄の三大高級魚で、アカジンミーバイと呼ばれています。大きさも1メートルくらいになるので、釣り魚としても大物です（写真①）。

沖縄にはもっとすごい超大物ハタがいます。タマカイやヤイトハタで、体重30キロを超えるモンスター、釣り上げるにはテクニックや経験が必要です。海底の根にいるので、ヒットしても圧倒的なパワーとスピードで、あっという間に根に引っ張り込まれます。根の位置を頭に入れてのファイトが必要なのはもちろん、ファイトの途中でも釣り糸の角度からモンスターが逃げている方向を予測しなければいけません。そしてもう一つ、モンスター級を釣り上げるのに必要なのは運です。大型のハタは、魚、イカ、カニなどを食べる肉食性で、生態系ピラミッドの頂点に君臨しています。大食いのハタ1尾が生活するためには、広いエサ場が必要です。どこにでもいるような魚と違って、ハタは生息密度がとても低いので、出会えるには運が必要なのです。

200キロのモンスター

沖縄美ら海水族館ではモンスター級のハタを展示しています。ひときわ目を引くのが"黒潮の海水槽"（幅35m×奥27m×水深10m）にいる、2メートル、体重200キロのタマカイです。このタマカイの摂餌生態を例に、釣りで役に立ちそうな話を紹介します。

タマカイは水槽の底でじっとして、ときどき、ゆっくり動き回るような魚です。タマカイへのエサやりは1日に1回です。まずは、キビナゴやサバの半身など、小さめのエサを小魚たちに与えます。なぜなら、タマカイのような大型魚が食事をしていると、小魚たちは恐れをなし

① 沖縄県の県魚タカサゴ（左）と三大高級魚のスジアラ（右）

て散ってしまうか、エサと一緒に食べられることもあるからです。これを避けるため、魚たちの口の大きさに合わせてエサを切り分け、数の多い小魚のエサやりを先にします。タマカイは口も体も大きいので食事は最後です。小魚がエサを食べ始めると、ゆっくりと水槽の定位置にやってきます。エサは尻尾をカットとしたサバで、1日に1～2キロくらい食べます。ほかにも新鮮なマグロの切り身、マツイカを与えますが、サバが好物のようです（写真②）。

タマカイの活性が高い時期は秋から初夏で、水温は21～26℃と比較的低いです。この時期は、毎日、定位置にやってきて、底から4～5メートルをゆっくり旋回しながら、落ちてくるエサを待ちます。ただし、上から落ちてくるエサを見つけても、すぐには食べません。目前に落ちてきたエサをスルーし、着底する直前に食べることが多いようです。エサを追いかけるスピードはゆっくりです。エサに反応しても、エイが横切って視界を遮られたときはエサを見失ってしまうこともあるのです。

エサが着底して動かなくなると気づきにくいようで、残餌になってしまいます。ということで、活性の高い時期のタマカイ釣りは、底から5メートルくらいのレンジをゆっくり誘いながら、ときどき、底近くで止めて、バイトする時間を与えるという釣り方がいいと思います。

タマカイの摂餌活性は1年中、同じではありません。水温27～29℃くらいになる夏場に活性が低くなります。エサが落ちてきてもじっとしていたり、エサに反応してもすぐにUターンすることもあります。ひどいときには1週間もエサを食べないこともあります。こんなときは、タマカイの口元をかすめるように何度もエサを落とすと食べることがあります。ということで、活性の低いタマカイを釣るには、底をしっかりとって、ゆっくり、しつこく誘うことがヒットの可能性を高くするでしょう。

余談ですが、この活性の低いタマカイ釣りは、ジギング（ルアー釣り）のスローピッチ・ジャークに通じるものがあります。最近、このテクニックは流行していますが、お陰でヒットする魚種が多くなったと思います。ジャークがゆっくりですから、アピール度が高く、ヒットゾーンをゆっくり誘うことができます。ルアーの動きもゆっくりなので、活性の低い魚もバイトする間合いが十分とれます。

アタリから取り込みまでイメージ

水槽のタマカイはゆっくりとした動きでアプローチし、エサを食べます。飲み込み方ですが、魚には近くのエサを一気に吸引するタイプと、泳ぎながら口か

② エサを食べるタマカイ

ら水とエサを一緒に流しこむタイプがあります。タマカイは前者で、この食べ方はエサにゆっくり近づいたり、待ち伏せするタイプの魚に多く見られます。後者は、泳ぎ回る青魚に見られるタイプです。タマカイはエサを飲み込んだ後もゆっくりで、すぐに反転したり、泳ぎ出したりしません。しばらくは、ゆっくりとした動きで、同じくらいの遊泳層をウロウロしています。

　水槽での観察から、活きエサ釣りで竿にどんなアタリが出るのかをイメージしてみましょう。針に付けた活きエサは一定のスピードで泳いでいますが、タマカイが接近すると暴れます。このとき、竿先が細かく動くでしょう。その後、タマカイの間合いに入った活きエサは一気に吸い込まれます。このときは、竿先には大きな本アタリがあるでしょう。この後、一気に竿が締め込まれるのではなく、じわり、じわりと竿が曲がります。あるいは少し食い上げることもあるかもしれません。なぜなら、タマカイはエサを食べた後も、ゆっくりとした動きだからです。

　では、ここでアワセを入れればよいでしょうか？　普通の魚ならここでフッキングしますが、タマカイは"ノー"なのです。なぜかというと、タマカイの歯列は幅が広くて、しかも細かい歯が内側に向いているからです（写真③）。ですから、本アタリの後にすぐにアワセてしまうと、釣り糸と歯の摩擦抵抗が最大になって、釣り糸が切れやすくなるからです。本アタリの後もしばらく間を取って、タマカイがしっかり釣り糸を背負うような角度でアワセを入れると、釣り糸と内側に向く歯との摩擦抵抗が少なくなります。しかも、釣り人のいう"地獄"や"ちょうつがい"（上アゴと下アゴの付け根）に掛かりやすくなります。余談ですが、鋭いハタの歯で糸切れを防ぐために、針のチモトの釣り糸を被服することがあります。この素材も細かい歯にかかりにくい硬い繊維素材の使用をお勧めします。

　いかがでしたか？　これはハタの例ですが、水族館にいる魚たちの摂餌行動を観察すれば、アタリのとり方やアワセのタイミング、仕掛けの流し方などをイメージすることができるのです。じつは、私たち飼育員たちも日頃の観察をもとに、展示する生きものを効率よく採集できるような採集道具を作製しています。水族館では、いろいろな魚たちの索餌や摂餌シーンを観察することができます。海の中で起こっていることをイメージし、自分の釣法をたしかなものにする場としても活用できますよ。

③ ハタの仲間の歯

沖縄美ら海水族館のテーマ

　沖縄美ら海水族館といえば、巨大なジンベエザメとかタマカイたちがメイン水槽で豪快に泳いでいるシーンが浮かぶでしょう。でも、私たちの展示のテーマは「沖縄の自然の海の再現」です。水槽の大きさもさることながら、自然に近い環境で生きものを飼育すれば、いろいろな生態がわかるからです。たとえば、魚たちにとって水族館の環境が自然に近く、快適であれば、どんどんエサを食べて、すくすくと成長します。命をまっとうすれば寿命もわかります。長く飼育していれば、大人になって卵を産むこともあるのです。

　魚の産卵には日の長さや水温といった季節で変わる環境要因がかかわってきます。そのため、水槽の上部から自然光が入るようにしたり、水温調節を行っていない新鮮な海水を取り入れたりと、水槽の中でも魚類が1年を通して環境の変化を感じる

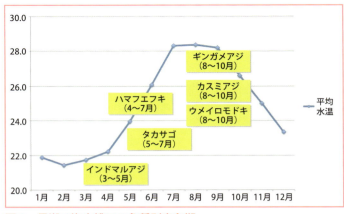

図1　黒潮の海水槽での魚種別産卵期

ことができるように工夫しています。その結果、魚はもちろん、サンゴの産卵からマンタ（ナンヨウマンタ）などのエイやサメたちの出産も行われています。開館時間に行われたら、皆さまも海の生きものたちの貴重な出産や産卵に立ち会えることもあります。

このように、沖縄美ら海水族館は自然の海を再現することで、生きものたちの産卵生態の解明に努めています。産卵生態がわかれば、希少な生きものや展示用の生きものの自家生産もできます。産卵生態の解明は、生きものの保護や保全に役立つ水族館の仕事の一つなのです。

展示水槽で産卵している釣り魚もいます（図1）。産卵している魚の見分け方は二通りあります。簡単なのは産卵を観察する方法です。ただし、魚はいつ卵を産むかわかりません。真夜中に産卵する魚もいますから、観察には限界があります。もう一つの方法は、卵を採集する方法です。多くの魚の卵は水面近くをプカプカ漂う浮性卵です。水槽から水といっしょにオーバーフローしてくる卵をネットでトラップします。この方法だと、ネットにトラップされた卵を観察することで、産卵の有無がわかります。ただ、欠点もあります。卵を見ただけでは、どの魚の卵かわかりにくいのです。卵をふ化させて、その仔魚を観察することで魚種を確認する必要があります。

産卵期は食欲にムラ

魚の産卵情報は釣りにも役立ちます。産卵の前は体力をつけるために荒食いします。大型魚が群れをつくって、エサ場を転々としながら産卵場へと移動するときは、大物が釣れやすいので釣りでは「のっこみ」という言葉が使われるほどです。

産卵期の魚の行動も知っておくといいでしょう。たとえば、引きの強さから人気が高いハマフエフキ、沖縄の方言でタマンと呼ばれています。水温が低い時期は、水槽の底に落ちてきたエサを食べています。少しずつ水温が上がりはじめる3月中旬ころから摂餌が活発になって、中層あたりで摂餌するようになります。その後、水温がぐっと上がる5月ごろになると産卵が始まります。産卵時間は夕方4～7時ごろで、卵を持ったメスをオスが追尾するようになります。たまに、オス同士の激しい闘争もあります。おもしろいことに、産卵期の摂餌活性は個体差があります。釣りで言うなら、エサ食いにムラがあるということです。

繁殖行動がわかりやすいのがタカサゴです。5月の夕方、産卵が近くなると水槽の水面近くのあちらこちらで群れをつくります。1尾のメスを何尾かのオスが追尾し、産卵の瞬間をうかがっています。メスが放卵すると間髪いれずにオスが放精します。この放卵・放精は一瞬ですが、断続的に複数回行われます。タカサゴのエサやりの時間も夕方ですが、タマンと同じように摂餌活性に個体差があります。

釣り人は「産卵期の魚は釣れない！」と言いますね。実際、産卵期間中はハマフエフキやタカサゴも摂餌活性にムラがあります。いつもはエサを食べている個体でも、産卵中は食べなくなることがあるのです。ですから、私は、産卵盛期ではなく、その前後にハマフエフキやタカサゴを釣りに行くようになりました。そのおかげで、数少ない釣行でも、思ったより効率は良くなりました。そして、何より資源を守るということからは、卵を持った魚を乱獲するのは良くないでしょう。皆さまも対象種の産卵情報や海の中の季節を感じながら、絶好の釣期を探してみてはいかがでしょうか。

魚が仲間に危険を知らせる"警報物質"

吉田　将之（広島大学大学院生物圏科学研究科）

「釣った魚をすぐに池に逃がしたら、そのあと釣れなくなってしまうぞ！」。私が子どものとき（1970年代ごろ）には、そんなことがまことしやかに言われていました。逃がした魚が"危険を知らせる物質"を出して、それを感じた魚が逃げてしまうというストーリーです。では、科学的なストーリーはどうでしょう。

カール・フォン・フリッシュという動物行動学者が1938年に発表した論文が、"危険を知らせる物質"についての初めての報告です。ミノー（コイ科の小魚）を飼っている水槽の中に、仲間の皮膚をすりつぶした液をごくわずか加えます。すると、ミノーたちは群れをつくって水底に集まり、あまり動かなくなったというものです。これは一種の恐怖反応といえます。この物質をフリッシュ先生は"恐怖物質"と呼びました。今では、"警報物質"というほうが一般的です。

ところが、20世紀の終わりごろになって、警報物質を否定する論文が発表され、雲行きが怪しくなってきました。21世紀に入ってさらにくわしく研究が行われると、ある種の魚の皮膚には恐怖反応を引き起こす物質がたしかに含まれていることがわかったのです。最近になって、警報物質はやっと市民権を取り戻したといえるでしょう。ミノーの場合、わずか1センチメートル四方の表皮に含まれる警報物質を5.8トンの水に薄めても、恐怖反応が得られるそうです。

警報物質は骨鰾上目に分類される魚の表皮に含まれています。骨鰾上目というのは、うきぶくろと内耳とが特殊な骨でつながっている魚の一群で、概して音に対して敏感です。私たちになじみの深い、コイ、フナ、ナマズ、ハヤ、ドジョウなどがこれに属します。メダカはこれとは別のグループです。ヤマメやアユも別のグループで、いわゆる警報物質は持っていません。

人間も含め、動物の皮膚の一番外側は表皮と呼ばれ、これが空気や水に接しています。その内側には真皮というやや厚いしっかりとした層があります。一見、ウロコが魚の一番外側にあるように見えますが、ウロコは真皮の一部です。よく見ると、ウロコの表面には薄い細胞の層があって、これが表皮なのです。警報物質は表皮を構成している細胞の一部に含まれていて、傷つくと水中に浸み出すというわけです。魚の表皮は弱くて、手でつかむだけで傷ついてしまいます。魚を乱暴にあつかうと、たくさんの警報物質が水中に溶け込むことになります。

それでは、警報物質は異種には効果があるのでしょうか。じつは、近い種なら効果があると言われています。そもそも警報物質というのは単一の化学物質ではなく、カクテルのようなものだと考えられます。種によってカクテルの材料と配合が少しずつ違っているので、異種では感じにくいようです。くわしいことはまだわかっていない警報物質ですが、これからの研究に期待しましょう。

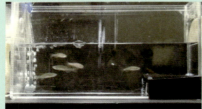

恐怖物質に対するゼブラフィッシュの反応。通常は水槽の中に分散して泳いでいるゼブラフィッシュ（上）に、表皮をすりつぶした液を加えると数秒後にはすべての魚がシェルターの中に隠れる（下）

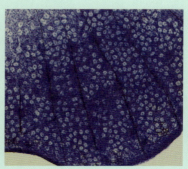

ゼブラフィッシュのウロコの拡大写真。白く抜けているように見えるたくさんの細胞が、警報物質を含むと考えられる「クラブ細胞」

水族館紹介

本書の著者らが所属する水族館を紹介します。
釣りのヒントを発見しに訪れてみてください。

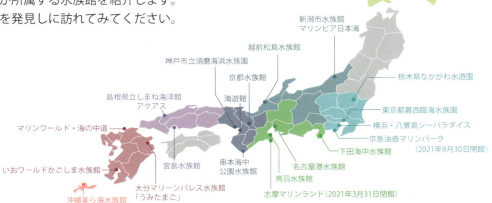

おたる水族館

〒047-0047　北海道小樽市祝津3丁目303番地
TEL：0134-33-1400　　ホームページ：http://otaru-aq.jp/

北海道の南西部にある「ニセコ積丹小樽海岸国定公園」の中に位置しています。日本海に面した小高い丘の上にあり、海と山に囲まれた自然豊かな環境の中で250種5000点の生きものたちを展示しています。なかでも、海岸を仕切ったプールのある海獣公園では北の海を代表する海獣「トド」をはじめ、5種のアザラシやセイウチ、ペンギンなどを間近にご覧いただけます。また、全天候型のイルカスタジアムでは真冬でもイルカやオタリア、セイウチのショーをお楽しみいただけます。

栃木県なかがわ水遊園

〒324-0404　栃木県大田原市佐良土2686
TEL：0287-98-3055　　ホームページ：http://tnap.jp

栃木県にある唯一の水族館施設です。那珂川とアマゾン川に生息する魚類を中心に300種約20,000匹の生物を展示しています。一番の見所はアマゾン川の魚を展示する水槽としては日本最大のアマゾン大水槽。水槽をつらぬく水中トンネルからは、頭上を泳ぐ巨大魚ピラルクーや足下にひそむ巨大ナマズなどアマゾン川の水中を大迫力でご覧いただけます。また、水族館以外にも、さまざまな体験イベントや釣り池、アスレチック、芝生広場や水の広場もありますので親子で一日中楽しめること間違いなしです。

東京都葛西臨海水族園

〒134-8587　東京都江戸川区臨海町6-2-3
TEL：03-3869-5152　　ホームページ：http://www.tokyo-zoo.net/zoo/kasai/

東京駅からJR京葉線でわずか10数分。クロマグロの展示で有名な東京都葛西臨海水族園ですが、見どころはそれだけではありません。目の前の東京湾から伊豆諸島を経て小笠原にまでいたる「東京の海」エリアや、世界中から生物を収集し、海域ごとに生息環境を再現して展示している「世界の海」エリア。また、北極や南極、あるいは深海の生物、ペンギンや海鳥。淡水生物も渓流から池沼、カエルやイモリなどの両生類まで網羅しています。また、教育的プログラムにも力を入れており、とても充実しています。

横浜・八景島シーパラダイス

〒236-0006　神奈川県横浜市金沢区八景島
TEL：045-788-8888　　ホームページ：http://www.seaparadise.co.jp

横浜・八景島シーパラダイスは、多くの海の生きものに出会える「アクアミュージアム」、幻想的な空間でイルカに癒される、「ドルフィンファンタジー」、海の生きものたちとのさまざまなふれあい体験ができる「ふれあいラグーン」、「海育」をコンセプトとした、遊んで学んで食べられる自然の海の水族館「うみファーム」がテーマの異なる4つの水族館のほか、さまざまなアトラクション、ショッピングゾーン、レストラン、ホテルなどが揃う、「海のエンターテインメン島」です。

京急油壺マリンパーク （2021年9月30日閉館）

〒238-0025　神奈川県三浦市三崎町小網代1082
TEL：046-880-0152　　　ホームページ：http://www.aburatsubo.co.jp

三浦半島の西南端、相模湾に面しており天候によっては富士山も見渡せます。
見どころは、視界360度の「ドーナツの海」やイルカ・アシカのダイナミックな演技が見られるパフォーマンスは必見！！神奈川県内の希少生物を展示する「みうら自然館」や希少種のコツメカワウソ・モモンガ・フクロウも展示中。また、動物とのふれあいなどが体験できる「すいぞくかん学園部活動」（有料・予約制）も人気です。

下田海中水族館

〒415-0023　静岡県下田市3丁目22-31
TEL：0558-22-3567　　　ホームページ：http://www.shimoda-aquarium.com/

約17,000㎡の自然の入り江を利用した水族館。入り江には世界で始めての浮いている水族船「アクアドームペリー号」が係留されており、船内の大水槽には50種1万点の生物を展示し、ダイバーによる餌付けショーが開催されています。この入り江ではイルカを放し飼いしており、ショーやふれあいプログラムで活躍しています。他にもアシカやアザラシ、ペンギンのショーも行われ、中でも世界で唯一のアシカの水中ショーは大変人気です。

名古屋港水族館

〒455-0033　愛知県名古屋市港区港町1-3
TEL：052-654-7080　　　ホームページ：http://www.nagoyaaqua.jp/aqua/

名古屋の中心街「栄」から地下鉄で約20分の場所にある都市型の水族館です。海棲哺乳類を紹介している北館と、日本から南極までの水域に生息する生きものを紹介している南館で構成されます。北館ではシャチ、イルカのパフォーマンス、南館ではマイワシのトルネード、ペンギンなどが人気です。また、オオシャコガイやナンキョクオキアミなどここでしか見られない生きものもいます。ベルーガ、ウミガメ、極地ペンギン、ナンキョクオキアミの繁殖に実績があります。

鳥羽水族館

〒517-8517　三重県鳥羽市鳥羽3-3-6
TEL：0599-25-2555　　　ホームページ：http://www.aquarium.co.jp

飼育種類数日本一！約1200種もの生きものを飼育する水族館。国内で唯一飼育するジュゴンをはじめ、ラッコやイロワケイルカなど人気者が勢揃い。地元伊勢志摩の生きものたちを展示する「伊勢志摩の海・日本の海」では、磯を再現した水槽などで、釣り場ではおなじみの魚たちの、海の中での姿をご覧いただけます。また、トレーナーとの掛け合いが楽しいセイウチやアシカのショーは毎日開催中です。

志摩マリンランド （2021年3月31日閉館）

〒517-0502　三重県志摩市阿児町神明賢島723-1
TEL：0599-43-1225　　　ホームページ：http://www.kintetsu.co.jp/leisure/shimamarine/

海の生きものたちの過去から現在までの姿を紹介する水族館。サンゴ礁の魚から、北の海の珍しい生きものまで約450種7000匹の魚たちを飼育する「水族館」では、マンボウやかわいいペンギンたちが人気。水槽で海女からエサをもらう魚たちの大群も圧巻です。海の生きものの化石やオウムガイなど"生きた化石"を集めた「古代水族館」では46億年の地球と生命の歴史を紹介。ふれあい体験「ペンギンタッチ」や「水族館裏方探検」も随時実施しています。

新潟市水族館マリンピア日本海

〒951-8555　新潟市中央区西船見町5932-445
TEL：025-222-7500　　　ホームページ：http://www.marinepia.or.jp/

平成25年7月にリニューアルオープンし、海や川の生きものをより身近に感じることができる水族館となりました。屋外には、海から内陸に広がる新潟市の自然環境をモデルに、砂丘湖、小川、田んぼなどを再現した「にいがたフィールド」を新設。また、館内の「日本海大水槽」は魚類の種類を増やし、のぞき窓を設置しました。他にも、広くなった「ペンギン海岸」、これまで以上に見やすくなった「マリンサファリ」など見所いっぱいです。ダイナミックなジャンプが必見の「イルカショー」も毎日開催しています。

越前松島水族館

〒913-0065　福井県坂井市三国町崎 74-2-3
TEL：0776-81-2700　　　ホームページ：http://www.echizen-aquarium.com

越前松島を眼下に望む水族館です。コンペイトウなど特徴ある魚を中心に、約400種の海洋生物を展示しており、ペンギンの散歩やイルカショーのほか、アザラシとのふれあい、ウミガメや魚へのエサやり、「ふれあい館」ではサメやエイ、巨大なタコにさわることができます。また、「海洋館」では、イワシの群泳する「海洋大水槽」と、水面がガラス張りの「シースルー水槽」で海面浮遊体験ができ、「ぺんぎん館」では"水中トンネル"から空を飛ぶように泳ぐペンギンたちを見られます。

京都水族館

〒600-8835 京都府京都市下京区観喜寺町 35 番地の 1 （梅小路公園内）
TEL：075-354-3130　　　ホームページ：http://www.kyoto-aquarium.com

京都市内初の内陸型大規模水族館。「水と共につながる、いのち。」をコンセプトに、川の源流から海へ至るつながりと、そこに棲む生きものたちを9つのゾーンで展示しています。中でも、鴨川水系に生息するオオサンショウウオを展示している「京の川ゾーン」や、ダイナミックなパフォーマンスが人気の「イルカスタジアム」、日本の海を再現した「大水槽」など、趣向を凝らした展示で生きものを間近で観察することができます。

海遊館

〒552-0022　大阪市港区海岸通 1-1-10
TEL：06-6576-5501　　　ホームページ：http://www.kaiyukan.com/

海遊館では、「リング・オブ・ファイア」（炎の環…環太平洋火山帯）をテーマに、北米、南極、温帯、熱帯など環太平洋火山帯によって造りだされた特色のある地域の自然環境をできるだけ忠実に再現し、その中に世界最大の魚類ジンベエザメをはじめ約3万点の生きものを展示しています。広大な太平洋をイメージした大水槽を中心とした14の展示水槽をめぐりながら、陸上や水面から次第に水中へ、最後には海底の環境をも体験できるという構成です。展示水槽は超大型のアクリルパネルを使用し、あたかも海中散歩しているような体験ができます。

神戸市立須磨海浜水族園

〒654-0049　兵庫県神戸市須磨区若宮町 1-3-5
TEL：078-731-7301　　　ホームページ：www.sumasui.jp

屋外のふれあい広場を併設したアザラシ・ペンギン館、華麗な技をご覧になれるイルカライブ館、サメやエイなどがゆうゆうと泳ぐ大水槽、水中トンネルからピラルクなど大型淡水魚を観察できるアマゾン館、エサやりを見ることができるラッコ館、さかなライブ劇場など、ゆったりとした敷地に複数の展示館があり、約600種、1万3000点の水族がお待ちしています。夏季には眼前の砂浜でイルカが泳ぐ須磨ドルフィンコーストを実施、環境学習と併せてお楽しみいただけます。

串本海中公園水族館

〒649-3514　和歌山県東牟婁郡串本町有田 1157
TEL：0735-62-1122　　　ホームページ：http://www.kushimoto.co.jp/

日本初の海中公園（現海域公園）地区を紹介するためにできた海の総合施設。串本の海を忠実に再現した水族館を核に、海中展望塔、半潜水型海中観光船、ダイビングパーク、研究所の他レストランなどの施設が並びます。中でも日本の水族館で最長寿のサンゴやクロマグロ、世界で唯一の人工繁殖の孫世代ウミガメなど美しい天然海水をふんだんに使った限りなく自然に近い水族館が目玉です。

島根県立しまね海洋館アクアス

〒697-0004　島根県浜田市久代町 1117-2
TEL：0855-28-3900　　　ホームページ：http://www.aquas.or.jp/

島根県西部江津市・浜田市に位置する水族館です。メインの飼育生物はシロイルカ、ペンギン、トビウオ、サメ類です。シロイルカは世界初のバブルリングやマジックリングをパフォーマンスの中で行います。トビウオは周年展示を行っているのが特徴です。『出雲風土記』や『古事記』の中にサメをワニと表記して因幡の白兎を始め多くのいろいろな物語にサメが出てくるのでサメ・エイ類をメインとした1000トンの水槽もあります。

宮島水族館

〒739-0534　広島県廿日市市宮島町10-3
TEL：0829-44-2010　　　ホームページ：http://www.miyajima-aqua.jp

350種13000点以上の生きものを展示しています。瀬戸内海国立公園にある水族館として、瀬戸内海の自然、特色を広く伝えるため、展示構成は瀬戸内海が中心です。全国的にも珍しいカキいかだを再現した水槽や、タチウオの周年展示をしています。また、館内最大の「ゆったり水槽」では、日頃見かける魚から珍しい魚まで、多種多様な魚たちを展示しており、海中でのすみわけの様子も観察できます。

マリンワールド・海の中道

〒811-0321　福岡市東区西戸崎18-28号
TEL：092-603-0400　　　ホームページ：http://www.marine-world.co.jp

福岡市東部の博多湾に面した国定公園海ノ中道にあります。450種3万点を展示。貝殻をイメージし建設された3階建ての水族館です。博多湾をバックに繰り広げられるイルカショー、パノラマ大水槽ではダイバーによる「アクアライブショー」や大型のサメへ手渡しでのエサやり。そして、2万匹のマイワシとダイバーが織りなす「イワシタイフーン」。ゴールデンウィークや夏休みなど夜間営業も実施しており、大人の方からお子さままで1日中楽しめます。

大分マリーンパレス水族館「うみたまご」

〒870-0802　大分市高崎山下海岸
TEL：097-534-1010　　　ホームページ：http://www.umitamago.jp/

水族館「うみたまご」は人と動物たちが身近にふれあい、仲良くなる事のできる場所です。大回遊水槽では豊後水道に生息する90種類1500尾を越える魚たちが暮らしています。また、イルカがダイナミックにジャンプする屋外プールや、セイウチたちがパフォーマンスを行うオープンデッキなど楽しめる屋外ゾーンも充実。さらには「あそびーち」で自由に泳ぐイルカや魚たちとふれあい、アート型遊具（うみさんぽ）で新しい感性に触れながら身体を動かすことができます。訪れる人たちを飽きさせず、何度来ても新しい出会いや発見がある水族館です。

いおワールドかごしま水族館

〒892-0814　鹿児島市本港新町3番地1
TEL：099-226-2233　　　ホームページ：http://ioworld.jp

鹿児島の海の生きものを中心に500種3万点を展示。カツオ、マグロ類、大型のエイがゆうゆうと泳ぐ黒潮大水槽はもちろん、親子イルカが泳ぐイルカプールや生きものを探す体験型コーナー「ワクワクはっけんひろば」も人気です。黒潮大水槽やデンキウナギの食事解説、ガイドツアーなど毎日のイベントも充実しています。

沖縄美ら海水族館

〒905-0206　沖縄県国頭郡本部町字石川424番地
TEL：0980-48-3748　　　ホームページ：http://oki-churaumi.jp

沖縄の自然と立地に恵まれた環境のなかで、サンゴ礁の浅い沿岸域の「イノー」から「リーフエッジ」、そして「黒潮」の流れる外洋、さらに深く「深海」に至る浅瀬から深海までの沖縄の海の世界を再現し、ジンベエザメ、ナンヨウマンタをはじめ655種、21000点の生きものをより自然の状態で展示しています。

著者紹介 （五十音順、敬称略）

浅川　弘　あさかわ　ひろし　p.32

下田海中水族館
営業課　課長

親の話では、4歳のころには釣りを始めていたそうです。釣りは驚きや発見の連続です。一時期はバイクレースに夢中だった私も、今再び釣りに夢中で、釣りクラブ「SEA'Sの助」のリーダーしています。日々、驚きと発見を楽しんでいます。

海野　徹也　うみの　てつや　p.30,41,54

広島大学大学院生物圏科学研究科　准教授
専門：水圏生物学

「フィールドから分子生物学！」を合言葉に、瀬戸内海の生き物を研究しています。趣味は釣りで、クロダイ、メジナ、アユ、アオリイカがメイン。釣りを科学するI.D. Fishing を実践。釣り好き学生たち「遊学派」に囲まれ、誘惑と戦う毎日。

安藤　孝聡　あんどう　たかあき　p.12

栃木県なかがわ水遊園
施設担当グループリーダー

釣りの醍醐味は、魚の大きさでも種類でも数でもないと思っております。大事なのは一匹と出会うまでの試行錯誤の過程でしょうか。試行錯誤が多いほど出会えた喜びはより大きなものになるでしょう。皆さま、記憶に残る釣りを楽しんでください。

梶　明広　かじ　あきひろ　p.20,112

島根県立しまね海洋館アクアス
魚類展示課　課長代理

誰かが言いましたよね、幸せになりたかったら釣りを覚えなさい。だけどのめり込んだら坂道を転げる雪玉のようになります。

井村　洋之　いむら　ひろゆき　p.64

新潟市水族館マリンピア日本海
展示課　展示第2係長

魚を釣ること、飼うこと、食べること全部が好きで水族館に入りました。釣りの哲学は「自然に生かされていることに感謝し、釣った魚はおいしく頂く」。釣り以外の趣味はウインドサーフィン、自転車、オートバイ、写真です。

北谷　佳万　きただに　よしかず　p.80

海遊館
飼育展示部　魚類環境展示チーム　主査

自然豊かな和歌山育ち、大阪に出てきて驚いたのは都会の海とは思えないスズキやチヌの魚影の濃さ。住めば都といいますが、色々な釣り場へのアクセスがよい事もあり、大阪での釣りライフを満喫しています。

宇井　晋介　うい　しんすけ　p.40,104

串本海中公園水族館
館長

今の串本を初め岩手三陸海岸、沖縄八重山あちこちに住んだが、どこにいても楽しく釣ることを目指しています。がまかつ・タックルハウスフィールドテスター。たとえ釣れなくても、また何が釣れても、いい一日だったと言える釣りを目指していただきたい。

幸田　正典　こうだ　まさのり　p.90

大阪市立大学大学院理学研究科　教授
専門：行動生態学、認知行動学

「ほんとうは魚はもっと賢い！」という信念のもと、魚類の社会行動や認知能力の研究を行っています。社会性魚類の認知能力は、これまでの常識をはるかに超え、非常に高いことが明らかになりつつあります。

神村　健一郎　こうむら　けんいちろう　p.60

志摩マリンランド（2021年3月31日閉館）
飼育　設備チーフ

私は幼い頃から父親に釣りに連れて行ってもらい、釣りを覚えました。川や海などさまざまなフィールドで、仕掛けやエサの種類などの知識を学びました。ほんの一部ですが、磯釣りの釣行記をご覧下さい。

澤田　達雄　さわだ　たつお　p.126

大分マリーンパレス水族館「うみたまご」
飼育部獣類グループ　パフォーマンスディレクター

自然の中に身を置き、自然との会話の中で一期一会の出会いを求めて釣り糸を垂れる。私にとって何ものにも代え難い時間です。楽しみ方は十人十色。あなたは釣りしていますか？　オーシャンルーラーのフィールドテスターを務め、仕事でも釣りでも、豊かな大分の海を舞台に奔走中。愛読書は『釣りキチ三平』。

古賀　崇　こが　たかし　p.8

おたる水族館
総務部　総務課　課長

自然の中に身を置いて、自然の一部になることで見えてくるものが沢山あります。川や海に行けない人は水族館で魚や海獣たちを観察してみてください。きっと今まで自分の中になかったものがプラスされると思いますよ！

重　秀和　しげ　ひでかず　p.22

横浜・八景島シーパラダイス
アクアリゾーツ　サブリーダー

私自身、釣りに行く前に水中の環境を想像して、イメージを確かめるように釣りをすることが多いです。横浜・八景島シーパラダイスでは季節ごとに自然環境を再現した展示をしています。釣れた理由、釣れなかった理由を水族館の生きものを観察することで考えてみるのもおもしろいのではないでしょうか。

笹井　清二　ささい　せいじ　p.72

越前松島水族館
展示課魚類係　主任

学位論文はウナギの生理生態学。ウナギのことだけは詳しいです。野良猫をよく連れ帰って飼っているが、魚の飼育は未だに苦手。夢にも思わなかった水族館での飼育業務もあっという間に10年超、この先大丈夫か？

鈴木　泰也　すずき　やすなり　p.120

マリンワールド・海の中道
魚類課　主任

水族館ではダイバーとしてもショーにフィールド調査にと動き回っています。潜水調査では、潮の流れや地形を観察でき、釣り場の水中景観が頭に浮かぶので釣りがより楽しめます。水族館に勤務し魚を飽きるほど見ているのに、休みの日も海を見なければ気がすまない人間です。

佐藤　亜紀　さとう　あき　p.76

京都水族館
展示飼育部

初心者の方でも気軽に始める事ができる釣りは、一度はまると奥深く面白いスポーツです。開放感あふれる野外では、ゆったりと水の音を聞きながら、大自然を肌で感じることができます。ぜひこの機会に釣りを一緒にはじめてみませんか？

田村　広野　たむら　ひろや　p.68

新潟市水族館マリンピア日本海
展示課　展示第1係　主査

釣りは、海や川や池に行く大きな動機となります。釣りに行けば本やインターネットそして水族館とも違う、本物の海、川、池があり、そして魚に出会えます。釣りに行きましょう。

佐藤　薫　さとう　かおる　p.16

東京都恩賜上野動物園
飼育展示課　は虫類館飼育展示係　主任

かつて勤務していた東京都葛西臨海水族園では飼育担当のほか、展示生物採集専門の仕事を9年間にわたり行い、国内はもとより海外にも採集に出かけていました。釣りはルアーがメインで、トラウト用のスプーンやエギを自作して試行錯誤しています。

辻　晴仁　つじ　はるひと　p.56

鳥羽水族館
飼育研究部

水槽から得た情報を釣りに導入し、釣り場で得た生きものを水槽に搬入している、通称「釣りバカ飼育員」です。担当動物は海水魚類、無脊椎動物とアメリカビーバーです。釣り魚のことは遠慮なく聞いて下さい。

土田　洋之　つちだ　ひろゆき　p.31,130

いおワールドかごしま水族館
展示課魚類展示係

「～時として水族館職員は活き餌を確保に釣りに出かけることもある」水族館の仕事を紹介した本のそんな一文を鵜呑みにした釣りが好きだった少年は「仕事で釣りができるのか!!」と迷うことなくその道に進むことに。現在は海の生きものの魅力をお客様に伝えられるよう日々努力中。

中嶋　清徳　なかじま　きよのり　p.46

名古屋港水族館
飼育展示部飼育展示第一課　課長補佐

水族館で魚だけでなく、クラゲや貝、エビ、ヒトデなどの無脊椎動物や海藻・海草もよく観察すると釣りの参考になるだけでなく、フィールドでの出会いも増え、さらに楽しい釣行になること間違いなしです。さあ、水族館へ行こう!!

津行　篤士　つゆき　あつし　p.41

広島大学大学院生物圏科学研究科
博士課程前期
研究テーマ：広島湾におけるクロダイの回遊生態

幼少の頃、クロダイと出会い、その魔力にとりつかれました。現在はバイオロギングをツールとして、広島のクロダイの回遊生態の解明を目指しています。

野路　晃秀　のじ　あきひで　p.100

神戸市立須磨海浜水族園
飼育展示部　海獣飼育課
　　　　　　　　（現所属：四国水族館）

一般では、バスの飼育は外来生物法により禁止されていますが、飼育員としての特権を生かし、バスの飼育を行っています。私自身バス釣りが好きなので、釣り人目線から釣果につなげられるような情報を、読者の皆さまに提供できればと思っています。

寺園　裕一郎　てらぞの　ゆういちろう　p.96

神戸市立須磨海浜水族園
飼育展示部　魚類飼育課　海水チームサブリーダー
　　　　　　　　（現所属：四国水族館）

祖父や父親に釣り・素潜りを教えられたことがきっかけで、大学では魚類生態学の道へ進み、藻場の生物調査に従事。現在は神戸を拠点に上司と接待なしの釣行が唯一の楽しみです。同じ場所にじっとしているのが嫌いな性分なので常にフィールドへ出るチャンスを伺う日々です。

馬場　宏治　ばば　こうじ　p.86

神戸市立須磨海浜水族園
研究教育部　研究企画課　課長

今まで見かけたことのないジャンルの本です。ご協力頂いた皆さまにまず感謝！次に、これを読んで頂いた方に感謝！
本書で紹介された、いろんな見方や考え方を知るのも世界が広がって楽しいと思います。マナーを守って安全で楽しい釣行を。

笘野　哲史　とまの　さとし　p.54

広島大学大学院生物圏科学研究科
博士課程後期
研究テーマ：アオリイカ類の遺伝的集団構造と資源組成

カキ養殖と漁師を営む家系で育ち、幼少期から水圏生物への興味が芽生えました。エギングの魅力に取りつかれ、現在はアオリイカ資源の保全に向けた研究を行っています。

濱崎　佐和子　はまさき　さわこ　p.21

広島大学大学院生物圏科学研究科　特任助教
専門：魚類の解剖生理学

魚の"渇き"に興味を持っており、体液調節に関わる脳の機能形態学的変化の解明を目指して、日々、研究に励んでいます。

中井　武　なかい　たけし　p.26

京急油壺マリンパーク
（2021年9月30日閉館）
飼育部　部長

釣りにはたくさんの分野がありますが、いろんなフィールドに行き、自分なりの釣りを見つけだし、その釣りを共感できる仲間と出会い、釣りを楽しみ満喫していただきたい。

東口　信行　ひがしぐち　のぶゆき　p.84,92

神戸市立須磨海浜水族園
飼育展示部　魚類飼育課　海水チームリーダー
　　　　　　　　（現所属：átoa）

大和川（当時、日本一汚い川）に産湯を浸かって早34年。初めての釣りは、ため池でのブルーギル。竿はセイタカアワダチソウと外来種づくめでした。メモリアルフィッシュはアマゾンのドラドです。淡水魚のことは何でもござれ！

藤原　克則　ふじわら かつのり　p.36

下田海中水族館
飼育課　課長

幼少期の川釣りから始まり、磯の底物・上物釣りを経験。その後、ブラックバスやシーバスを経て、現在のメバルやアジのライトゲームのスタイルに落ち着く。最近は、渓流のミノーイングにも通う。夢であり目標でもある、40cmのメバルを釣るために夜な夜な釣り場を徘徊。

松田　乾　まつだ つよし　p.42

名古屋港水族館
飼育展示部飼育展示第一課第一係　係長

普段はツ抜け出来るかどうかといった下手っぴですが、縁あって執筆させて頂きました。天然遡上河川で静かに釣るのが好きです。この本をきっかけに釣り人の皆さんが水族館に親しんで頂けたらと思います。

御薬袋　聡　みない さとし　p.85,116

宮島水族館
飼育総括

20年前にバスタックルで与那国に挑み超惨敗。以来、与那国にハマり毎年遠征しています。「何事も経験」をモットーに日々釣りを楽しんでいます。タチウオ水槽の前で立っている飼育員を見かけたら多分私です。

宮崎　多恵子　みやざき たえこ　p.124

三重大学大学院生物資源学研究科　准教授
専門：水圏環境生物学

水中に棲む生きものの眼について研究しています。研究に必要なのは眼がついている頭部だけなので、学生はじめ、いろんな人がサンプル提供してくれて助かっています。

森　昌範　もり まさのり　p.50

名古屋港水族館
飼育展示部　上級主任

携帯の電波が届かない渓流部へ釣りに出かけていたその時に、予定日より早く第一子となる長男が産まれました。長男誕生を知ったのは山から下りた後でした。一生の不覚です（涙）。皆さん、釣りはほどほどに。

山城　篤　やましろ あつし　p.134

沖縄美ら海水族館
魚類チーム　主任

釣りは竿と糸をとおして、海の自然を感じることができる趣味だと思います。釣りで自然から感じ取ったことに興味をもって、より詳しく知りたくなったら是非水族館に足を運んでください。対象魚の習性やその生活環境を自分の目で見ることで、爆釣や特大サイズをキャッチするヒントになると思います。

吉田　剛　よしだ ごう　p.55,108

串本海中公園水族館
水族館・研究所　魚類担当

東京農業大学生物生産学科卒。卒論のテーマはアメマスの集団遺伝学的研究でした。大学が北海道だったこともあり在学時はフィッシングガイドやネイチャーガイドのアルバイトを経験。人と話すことが大好きなのでご来園の際はお気軽に何でもご質問下さい。

吉田　将之　よしだ まさゆき　p.138

広島大学大学院生物圏科学研究科　准教授
専門：生物学的心理学

「脳はどのようにして心を作るのか」が研究テーマ。主に魚を対象として、彼らが何をどのように考えているかを、行動・心理・脳からアプローチしています。

おわりに

須磨海浜水族園スタッフに聞く釣り魚の生態

魚は大きくなるほど賢くなる

――水族館の職員だけが知る「釣り魚の生態」について、皆さまの体験談を聞かせていただきたいと思います。アングラーのためになるお話をお願いします。

海野 そもそも、本を企画するきっかけになった話題、それはスレの話でしたよね！ 馬場さんが水族園の水槽のブリを1尾釣ったらスレてしまって、途端に釣れなくなったという話でした。毎日、エサもらっているのに、私にはそれはあり得ないことだったんですよ。

馬場 いやー、それがスレるんです。

東口 それも大きな個体の方がスレますね。たとえば、ブリは小型（ハマチサイズ）なら5～10尾ぐらいは釣れますけど、10キロクラスになったら1、2尾の世界です。大きな個体ほど、賢くて、警戒心が強くて、スレが速いようですよ。

海野 えっ！ じゃあ、大きい魚は頭がいいってことですよね？ アングラーも言ってますよね。

馬場 まあ、大型というのは老成魚ですからね。基本、いろいろな経験を積んで、危険を回避してきたと思うのです。百戦錬磨ということでしょう。

野路 私は、このメンバーの中で、唯一、アザラシを担当しています。アザラシを捕獲する罠に大人のアザラシはあまり引っかからないです。恐らく、今までに見たことがない異質な物は「ヤバい」と感じるのでしょうね。ところが、小さな子どもは好奇心が警戒心より勝ってしまい、引っかかるんです。危険に対する学習が蓄積されていないのでしょうね。

寺園 私も実感しました。ブリは大型が格段に賢くなっていました。もう、スレる速さが違います。しかも、スレてしまうと針や糸の付いたエサを見切りますからね。

海野 じゃあ、寺園さんは、なぜ、針や糸の付いたエサを見切るとお考えですか？

寺園 多分、針を視認していると思いますよ。

東口 スレても、針を小さくしたらもう1尾釣れましたからね。

海野 それはおもしろい。じゃあ、針をエサの中に埋め込んだらどうなんでしょうか？

東口 それって効果ありました！

海野 埋め込んだ方がいいということは、エサに何か変なものが付いているのが分かっているということですね。針のチモト（耳）が出ていたらまずいですか？

東口 見えていると思いますよ。

海野 それ、やってみたいですね。磯のメジナ釣りでは、スレたら小針が常識ですからね。あと、チモト（耳）の小さい針にするとか、針の色をエサと同化させてますからね。

馬場 海野先生、もう思考回路が磯釣り師ですね（笑）。

魚もイカも捕食スイッチがある !?

馬場 魚の捕食シーンも参考になりますよ。須磨の大水槽には大型青物のギンガメアジ、カスミアジ、ロウニンアジ、ブリがいます。しかもベイトになるイワシが一緒に飼われてます。なので、スタッフは青物の捕食シーンを見ています！

海野 水族館スタッフの特権ですね。

東口 そうなんです。でも、見ていると釣りに行

きたくなるんですよね！

海野 よくわかります。それに、釣りが簡単に思えてきませんか？

馬場 いや、意外に奥が深いですよ。面白いことに、ギンガメアジとカスミアジでエサへのアプローチが違います。ギンガメアジはちょっとはぐれたイワシを単独で追いかけてパクッと食べるのです。でも、カスミアジは5〜7尾くらいの群で、フラフラ〜と泳ぎながらチャンスを待っています。同じヒラアジの仲間でも捕食行動に違いがあるのはちょっとした発見ですよ。

海野 自然界でも整合性が取れますか？　すみません、まわりくどい表現で！　学会じゃなく座談会でしたね！　簡単に言うと、釣りで"なるほど"と思ったことはありますか？

東口 それが……ギンガメアジやカスミアジを狙って釣りしたことがないので分からないのです（笑）。ただ、活きたエサを追っている姿は自然界でも同じじゃないでしょうか。問題は、観察を釣りにどう活かせるかですね。

馬場 摂餌ネタなら、サバだとイワシの話があります。サバとイワシを飼育していると、サバの方が先にどんどん大きくなっていきます。そうなると、ある日突然、サバがイワシを食べるようになるんです。

海野 そうなるとサバは配合エサを食べないですか？

馬場 イワシしか食べなくなるんです。イワシが好きなのでしょうね。どうやら動いているものが好きで、配合エサみたいな落下するだけのエサって違和感あるみたいです。

海野 これもアングラーが喜びそうな話ですよね。

馬場 そういえば、摂餌スイッチなるものを感じています。サバはいつもイワシを襲っているわけではないんです。イワシが配合エサに群がっている時に襲いかかるんですよ。

東口 イワシはいつも群れて泳いでいます。ただ、エサの時間だけは別なんです。群がって水面近くで乱舞している時は油断しているんでしょうね。それを知っているサバもすごいで

すよね。いつもと違うイレギュラーな動きは摂餌スイッチが入るきっかけになっているかもしれません。

寺園 アオリイカもベイトの動きが変わった途端に、捕食スイッチが入るのを見たことがあります。アオリイカ水槽にアジを入れても、アオリイカは知らん顔。無反応なんですよ。ところが、アジの食事タイムになると、どう猛なアオリイカに変身します。

海野 寺園さん、そういえば、そのネタ、鳥羽水族館の辻さんが書かれてます！　アングラー飼育員って、同じような視点なんですね（笑）。真面目な話、視覚刺激とか摂餌音が摂餌スイッチになるのですかね？

馬場 学習もあると思います。統制がとれて泳いでいる光景は、毎日、眺めているので、見慣れているのでしょうね。そうした群れは襲うのが難しいと学習しているかもしれません。大切なことは、こういった摂餌スイッチがオンになる刺激は自然界でも同じということです。潮の流れの変化も活性が上がる一つの要因なのでしょうね。たとえば潮止まりの状況から、潮が動き出せば、プランクトンの動きに変化がでて、イワシなどの動きにも変化がでて、さらに捕食者も……潮の動きは活性に大きな影響を与える要因だろうなと思います。

海野 納得です。釣りってターゲットの魚だけじゃなくて、ベイトや環境のちょっとした変化とかに細心の注意を払っているアングラーが有利な

んですね。

寺園　そういえば、ベイトになる魚の動きも面白いですよ。たとえばアジとアオリイカを一緒に飼っていたら、アジは自分のポジションというか、これくらいの距離で泳いだら大丈夫なんじゃないか？　みたいな"間合い"を感じているみたいです。微妙なんですよね。ベイトが不用意に近づけば、摂餌スイッチがオンになるんです。

海野　その距離間の話、ルアーでいうトレースラインに関係しませんか？　魚が潜んでいるところを見極めて、至近距離にルアーを通過させるとこでバイトを誘発させるヤツです。やっぱ、ルアーのコントロールとかアピールはキモですよね。

水族館がルアーをプロデュース！？

——水族館飼育員だけが知る「裏知識やテクニック」ってありますか？

海野　知りたいですね！　「なんとなく」を「確信！」に変えてほしいです。

東口　大型の青物はフラフラ落ちるエサ（冷凍アジ）に反応いいんですよ。これを見た時、ジギングを思い出しました。最近、フラフラ落下するジグが流行ってますよね！

寺園　須磨では飼育していないですけどタチウオの摂餌なんかは必見ですよね。水族館で実験したらいいルアーができると思いますよ。

馬場　思ったより魚って音に敏感ですよ。音は振動ですから、飼育員が水槽の裏側を歩くかすかな振動にも反応します。

野路　ルアーは視覚にアピールしそうですが、ルアーの出す音とか波動っていうのは魚の感覚に訴えていると思います。

海野　確かに！　ルアーから出る振動は後ろの方向に拡散しますよね。だから、ルアーを追尾している魚にとって振動は大切ですよね。

寺園　昔、ブリがレーザーポインターにすごく反応したんですよ。

海野　え〜ウソでしょ？

馬場　メバルで実験したんですが、ものすごい効果ありました。レーザーを動かすと、びっくりする勢いでカサゴとかメバルが寄ってきて、食べようとしますからね。

東口　魚は、なぜレーザーポインターが好きなのでしょうね。

野路　エサだと思ってるんじゃないですか？　ギラッとした光が魚に見えるのでしょうか。

東口　フィッシュイーター系は効果絶大かもしれませんよ。

海野　それ、何かに応用できそうですね。

馬場　レーザーのいいところは、水中で減衰しないことです。しかもピンポイント照射ができますから。

寺園　針に近づけておいて点滅させるとか……。

東口　そうか！　ルアーの眼を光るようにするのはどうでしょうか？　ルアーの中にレーザーポインター仕込んで、内側からルアーの眼を光らすんです！

海野　それはいいですね。水族館プロデュースのルアーが登場する日も近いかもしれません（笑）。

おわりに

――いや、皆さん、おもしろいお話、ありがとうございました。水族館は、釣り魚の生態を観察するには最適なんですね。

海野 やっぱり、水族館飼育員って最強のアングラーですね。知識だけじゃなくて、飼育経験や観察力に脱帽です。アングラーも1日かけてじっくり魚を観察すれば入館料の元はとれますよね。むしろ、安いと思います。

――馬場さん、観察のコツはありますか？

馬場 生きものを観察する眼は、センスの点で言えばアザラシも魚も変わりないんですよ。観察眼が備わってくるといろいろな生きものの観察に活かせます。普通の人が見ると漫然と泳いでいるようにしか見えない魚でも違うんです。ちょっとした動きの変化や変わった動きが見えてくると、生きものの世界がより深く見えます。自然でも水槽でも生きものの観察は漫然と見るのではなく、「何してるのかな？」という目で見てもらえると、観察眼を鍛えるきっかけになると思います。

――馬場さん、最後に、アングラーへのメッセージはありますか？

馬場 本とか図鑑って、魚は水深が何メートルくらいのところにいて、何を食べて、繁殖期はいつ頃で……と書いてありますが、一般的な情報しかないですよね。釣りをすると、いろいろな意味で勉強になりますね。釣り場という狭いエリアに限定されはしますが、魚と対峙できます。良く言えば、魚と向き合えるのです。「このポイントにこういうパターンの時に回遊するんだ！　こんな動きをしてエサを食べているのか……」、というようなローカルルールが見えてきます。釣りをしている水族館飼育員たちも、皆「釣りは知識を得るための格好のツールだ！」と思ってます。

私自身、ほかの執筆者の原稿を拝見させてもらって「なるほど」と関心することばかりです。この本を読んでいただいたアングラーの皆さまに役立てば嬉しい限りです。そうだ！　アングラーといえば執筆陣もそうですね（笑）。

この場をお借りして、執筆のお願いに快く応じてくださった各園館のアングラー……中にはお会いしたこともない方もおられますが、皆さまには心からお礼を申し上げます。お会いした先で釣り談義に花を咲かせたいと思います。水族館スタッフの釣り大会などできたら良いですね！

（おわり）

参考図書

p.16
葛西臨海公園周辺環境調査資料集（人工西なぎさ小型地曳網調査　1999年度〜2008年度），（財）東京動物園協会　葛西臨海水族園（2010）
p.21
岩田勝哉，ハゼ科の空気呼吸魚たち．魚類比較生理学入門　空気の世界に挑戦する魚たち，海游舎，pp.15-28（2014）
椋田崇生，トビハゼ、研究者が教える動物飼育　第3巻　ウニ、ナマコから脊椎動物へ（針山孝彦・小柳光正・嬉正勝・妹尾圭司・小泉修・日本比較生理生化学会），共立出版，pp.88-93（2012）
Tamura, S.O., H.Horii and M. Yuzuriha, Respiration of the amphibious fishes *Periophthalmus cantonensis* and *Boleophthalmus chinensis* in water and on land. Journal of Experimental Biology, 65：97–107（1976）
p.30
新井　肇ら，利根川で釣獲された大型ヤマメの耳石微量元素分析，群馬県水産試験場研究報告第20号（2014）
浦壮一郎，利根川「戻りヤマメの正体」（渓流2014，別冊363），つり人社．（2014）
p.41
Carson H.R. and R.E. Haight Evidence for a home site and homing of adult yellowtail rockfish, *Sebastes flavidus*. Journal of the Fisheries Research Board of Canada. 29, 1011–1014.（1972）
Matthews, K. R. A telemetric study of the home ranges and homing routes of copper and quillback rockfishes on shallow rocky reefs. Canadian Journal of Zoology. 68, 2243–2250.（1990）
Shoji T. et al. Amino acids dissolved in stream water as possible home stream odorants for masu salmon. Chemical Senses. 25, 533–540.（2000）
西　隆昭・川村軍蔵，メバルの磁気感覚．日本水産学会誌．72, 27–33.（2006）
Mitamura H, et al. Role of olfaction and vision in homing behaviour of black rockfish *Sebastes inermis*. Journal of Experimental Marine Biology and Ecology. 322, 123–134.（2005）
p.54
Chase R. and Wells M. Chemotactic behaviour in Octopus. Journal of Comparative Physiology A. 158, 375-381.（1986）
Graziadei P. Receptors in the Sucker of the Cuttlefish. Nature. 203, 384-386.（1964）
Hanlon R. and Messenger J.（1996）. Cephalopod Behaviour. Cambridge Univ Press, Cambridge.
上田幸男・海野徹也，アオリイカの秘密にせまる．成山堂書店．（2013）
Miller I. J. Variation in human fungiform taste bud densities among regions and subjects. The Anatomical Record, 216: 474–482.（1986）
Reutter K. and Kapoor B.G. Fish Chemosenses. SCIENCE PUBLISHERS. USA.（2005）
p.56
池田譲，イカの心を探る知の世界に生きる海の霊長類，NHK出版．（2011）
上田幸男・海野徹也，アオリイカの秘密にせまる，成山堂書店．（2013）
p.60
海野徹也・吉田将之・糸井史朗，メジナ釣る？科学する？，恒星社厚生閣．（2011）
p.84
久米弘人，琵琶湖におけるマゴイの産卵状況，滋賀県水産試験場事業報告，pp149-150（2006）
滋賀県水産試験場．琵琶湖水産調査報告．第3, pp196（1915）
Mabuchi et al. Discovery of an ancient lineage of *Cyprinus carpio* from Lake Biwa, central Japan, based on mtDNA sequence data, with reference to possible multiple origins of koi. J. Fish Biol., 66: 1516–1528（2005）
Mabuchi et al. Complete mitochondrial DNA sequence of the Lake Biwa wild strain of common carp（*Cyprinus carpio* L.）: further evidence for an ancient origin. Aquaculture, 257: 68–77（2006）
Mabuchi et al. Mitochondrial DNA analysis reveals cryptic large-scale invasion of nonnative genotypes of common carp（*Cyprinus carpio*）in Japan. Mol. Ecol., 17: 796–809（2008）
馬淵浩司ら，琵琶湖におけるコイの日本在来mtDNAハプロタイプの分布，魚類学雑誌，57：1-12（2010）
p.92
会田勝美，魚類生理学の基礎，恒星社厚生閣．（2002）
Bond. C. E. Biology of Fishes, 2nd ed., Saunders（1996）

福田一弥ら，ブリ若魚に対するスルメイカ筋肉エキスの摂餌刺激効果，日水誌.55：791-797（1989）
板沢靖男・羽生　功，魚類生理学，恒星社厚生閣.（1991）
川本信之，魚類生理，恒星社厚生閣.（1991）
Marui, Gustatory specificity for amino acids in facial taste system of the carp, *Cyprinus carpio* L.J.Comp.Physiol.A.,153:299-303（1983）
田村　保，魚類生理学概論，恒星社厚生閣.（1977）
谷内　透，魚の科学辞典，株朝倉書店.（2005）
植松一眞ら，魚類のニューロサイエンス，恒星社厚生閣.（2002）
海野徹也，クロダイの生物学とチヌの釣魚学，成山堂書店.（2010）

p.112
Brooks J. Salt Water Fly Fishing　Xii — XX. THE DERRYDALE PRESS. New York（1950）
川村軍蔵，魚との知恵比べ（3訂版），成山堂書店.（2010）
木村清志，新魚類解剖図鑑，緑書房.（2010）
Lefty K. Fly Fishing in Salt Water Vii-Xii. THE LYONS PRESS. New York（1997）
Sand G. X. SALT-WATER FLY FISHING. Knopf hakk. New York（1965）
田村　保編，魚類生理学概論，恒星社厚生閣.（1980）
海野徹也，クロダイの生物学とチヌの釣魚学，成山堂書店.（2010）
Veverka B. INNOVATIVE SALTWATER FLYES. STACKPOLE BOOKA.Pennsylvania（1999）

p.120
上田幸男・海野徹也，アオリイカの秘密にせまる，成山堂書店.（2013）

p.124
Makino A. and Miyazaki T. Topographical distribution of visual cell nuclei in the retina in relation to the habitat of five decapodiformes species. Journal of Molluscan Studies, 76: 180–185.（2010）
奥谷喬司，ホタルイカの素顔，東海大学出版会（2000）
Packard A. Visual acuity and eye growth in Octopus vulgaris (Lamarck). Monitore Zool. Ital (N.S.), 3:19–32.（1969）
Tamura T. and Wisby W.J. The visual sense of pelagic fishes especially the visual axis and accommodation. Bulletin of Marine Science, 13（3）, 433–448.（1963）
Young J.Z. : Regularities in the retina and optic lobes of Octopus in relation to form discrimination. Nature, 186:836-839.（1960）

p.138
Frisch, K. V. Zur psychologie des Fische-Schwarmes. Naturwissenschaften 26, 601-606.（1938）
吉田将之，魚類における恐怖・不安行動とその定量的観察，比較生理生化学 28, 317–325.（2012）
Brown C., Laland K., Krause J. (eds.). Fish Cognition and Behavior. Wiley-Blackwell, Chichester.（2011）

釣り用語索引 (五十音順)

【あ】

用語	ページ	分類	説明
アタック	42	その他	魚が**疑似餌**に襲いかかること。特に魚食魚がルアーに襲いかかることから「襲う（アタック）」という表現になった。関連用語として追尾（チェイス）や噛む（バイト）という表現もある。
アタリ	25, 74, 136	技	魚がエサに食いついたとき、竿先や**ウキ**が伝える魚信。魚によってアタリの反応はさまざま。
アフター	38	その他	魚が産卵を終えた後のことを意味し、産卵で体力を使い切った魚は活性が低いと言われている。
アワセ	25, 26, 56, 87, 136	技	**アタリ**があったら、竿をあげて魚の口に針を引っかけること。
アングラー	76	その他	[＝ angler] 魚を釣る人。釣り師。
活きエサ	107	その他	活きているエサのこと。ゴカイ、エビ、カニ、小型の魚類など、種類はさまざま。
磯釣り	73	場所	磯場での釣りで、歩いてポイントに行ける地磯や、専用の瀬渡し船で渡る沖磯がある。
入れ食い	24	その他	仕掛けを投入すると、すぐに魚が食いつき、次々と釣れる状態。
ウキ	61	道具	釣糸の途中に付けて、魚の遊泳水深に応じてエサや仕掛けを一定の水深に保ったり、**アタリ**の判別をしたりする。用途によって、大きさや形状はさまざま。
ウキフカセ釣り	61	釣法	仕掛けに**ウキ**を使用し、撒きエサとともに仕掛けを漂わせ（フカセて）る釣法。おもに**磯釣り**で使用される。
エギ	52, 64	道具	[＝餌木] アオリイカなどのイカ釣りで使用する**疑似餌**（**ルアー**）のこと。魚やエビをかたどった木片に、さまざまな色の生地を巻き付けた伝統的な和製ルアー。
エギング	56	釣法	エギと ing を組み合わせた和製英語で、**エギ**を用いた釣法。竿を**シャク**ることによってエギを操作し、イカにエギを抱かせることで釣り上げる。
エサ釣り	26	釣法	練りエサや活きエサなど、エサを使用した釣法。⇔ルアー釣り
エッグフライ	105	道具	イクラなどの魚卵の形をした**フライ**（毛ばり）のこと。管理釣り場では使用が禁止されていることもある。
オキアミ	61	その他	南極産の3cm前後のプランクトン（甲殻類）の仲間で、海釣りの定番エサ。磯釣りでは撒き餌にも使われる。
オトリアユ	42	その他	**友釣り**で使用するアユのこと。オトリアユを野アユの縄張りに誘導すると、野アユはオトリアユに激しい攻撃を加える。この習性を利用したのが友釣り。
オフショア	73	場所	沿岸から離れた沖のこと。⇔**ショア**
オモリ	27	道具	仕掛けを沈めるための道具。仕掛けを魚の泳層（タナ）まで落とす役割と、仕掛けを安定させる役割がある。用途に応じてさまざまな重さ、形状がある。

【か】

用語	ページ	分類	説明
カーリーテール	37	道具	**ワーム**の一種で、テール部分が薄く、カールしているもの。水の抵抗を受けるとテール部分が振動して魚を刺激する。
ガン玉	61	道具	真ん中が割り込んであり、ラインに挟み込んで使う小型丸形の**オモリ**。ウキの浮力調整や仕掛けの角度を調整をする役割がある。
干潮（下げ潮）	88	場所	地球、月と太陽の相互作用による起潮力によって引き起こされる海水面の変動。水位が最も低い(高い)時を干潮(満潮)という。多くの場合、1日2回ずつ起こる。⇔**満潮**
疑似毛針	26	道具	カゲロウなど川や湖の水面を飛びかう昆虫を擬した毛針のこと。鳥の羽や毛糸などの素材を釣り針に巻きつけて作られる。
キャスティング	20		（→キャスト）
キャスト	10, 87	技	竿などを使い、**ルアー**や**フライ**を投げること。オーバーヘッドキャストやサイドキャスト、バックハンドキャストなど、さまざまな投げ方がある。

用語	ページ	分類	説明
キャッチ＆リリース	40, 100	その他	釣った魚を再びリリース（放流）すること。資源保護や自然保護、生態系保護を目的にする場合が多い。⇔キャッチ＆イート（釣った魚を持ち帰って食べること）
ケイムラ	59	道具	紫外線に反応し蛍光発光する特殊な塗料。人間には、通常、白色にしか見えないが、紫外線感受性がある魚には発色して見える。
渓流釣り	26	釣法	山間部などの恒常的に冷水の流れる流水域（渓流）での釣りのこと。対象魚となるのは、アマゴ、ヤマメ、イワナ、マスなど。
コマセ	29, 61	その他	撒き餌のこと。
ゴロタ	38	場所	大小ふぞろいな転石のことで、ゴロタ浜には根魚が棲みついている。

【さ】

用語	ページ	分類	説明
サビキ	74	道具	エサに似せて作った疑エサ針を付けた仕掛けのことで、**コマセ**を撒きながら、仕掛をさびく（引く）ように操作をすることが由来。
サビキ釣り	8	釣法	サビキを使用した釣法。撒きエサの入った小さなカゴがラインに付いていて、回遊してくるマアジやイワシなどの小魚を寄せ、サビキに食いつかせる。
時合い	74, 86	その他	魚の食いが活発で、活性が高まる時間帯のこと。潮の変わりばなや朝まづめ（日の出前後の時間）や夕まづめ（日の入り前後の時間）の時は魚の活性が高まる。
地磯	60	場所	陸から歩いて行ける磯のこと。⇔沖磯
ジギング	52, 116	釣法	**ジグ**を使用した釣法で、ジグと ing を組み合わせた和製英語。竿をあおりながらラインを巻くことで、さまざまな動きをジグに与える。
ジグ	52, 73, 116	道具	金属製の**ルアー**で、重量があるので沈む速度が速く、遠くに飛ばしやすい。ゴム素材などを使用したラバージグに対して、**メタルジグ**とも言う。
シモリ	62	場所	磯で水面下に沈んでいる岩礁のことで、沈み根ともいう。海面を見渡して黒っぽくなっているところで、磯魚が棲み着くポイント。
ジャーク	135	技	**ルアー**に激しい動きを加えるテクニックの一つ。竿を勢いよくあおっては戻すを繰り返しながらリールで巻く。竿をあおる幅や速さ、**リール**を巻く速さに緩急をつけることで、いろいろな動きを演出できる。
尺メバル	36	その他	尺とは尺貫法における長さの単位であり、1 尺は約 30.3 cm。尺メバルとは全長が 30 cm を超えるメバルのこと。
尺ヤマメ	27	その他	全長が 30 cm を超えるヤマメのこと。通常、ヤマメの全長は 20 cm 前後が多い。
シャクリ	57, 120	技	（シャクる）竿を上下にあおること。仕掛けを揺らして魚を誘う場合や、**エギング**の動作で使う。
シャロー	38	場所	水深が 1〜2 m 程度の浅いポイントや遠浅のポイントのこと。⇔ディープ（水深が深いところ）
ショア	72	場所	岸や海岸のこと。
スプーン	14	道具	食器のスプーンのような形状のルアーのこと。ゆらゆら動いたり、落下する。誤って落としたスプーンに魚が食いついたことから発案されたとされる。
スレ	82	技	魚が口以外のところに針がかりして釣れること。
スレ掛かり	82		（→スレ）
スレる	59, 87	その他	魚の警戒心が強くなり、エサに興味を示さなくなる現象。魚が次々と釣られたり、釣獲圧が高いとスレる魚が多くなる。
ソルトウォーターフライ	112	釣法	海で行う**フライフィッシング**のこと。もともと渓流や湖で行われていたフライフィッシングが、釣り具の進化や釣り自体のジャンルの広がりにより、海でも行われるようになった。
ソルトルアー	77	釣法	海での**ルアー**のこと。河口、堤防、磯、船からのジグ、バイブレーション、**ミノー**、**ポッパー**などさまざまなルアーがある。

| 太字 | ……索引中にある用語 | 技 | ……技法にまつわる用語 | 場所 | ……場所にまつわる用語 |
| 釣法 | ……釣りジャンル | 道具 | ……釣り具にまつわる用語 | その他 | ……その他の用語 |

【た】

用語	ページ	分類	説明
タックル	24, 52, 61, 70, 75	道具	竿や**リール**、仕掛けなどの釣り道具全般のこと。釣り道具を入れる容器をタックルボックスと呼ぶ。
タモ	67	道具	大型魚の取り込みに使う網（玉網とも言う）。
釣果	19, 115	その他	魚釣りの成果のこと。釣れた魚の尾数やサイズ。
釣獲	60, 123	その他	飼育や実験を目的とした魚を釣りで確保すること。
テンション	29, 56	技	釣り糸にかかる張力、張り具合のこと。ラインテンションと用いることが多い。ラインを張った状態のことを「テンションをかける」という。
テンヤ	85	道具	**オモリ**と釣り針が一体化したもの。タコ、イカ、タチウオ、マダイなど専用のものがあり、タコテンヤ、イカテンヤなどと呼ばれる。
ドシャロー	58	場所	シャローとは、水深が浅い場所（水深1〜2mくらいまで）のこと。そうしたポイントが干潮によりさらに浅くなったり、極端な浅場をドシャローと呼ぶ。
トップウォーター	72	道具	水面（トップ）に浮くルアーのことで、独特の動きや水しぶき、その音などで魚を誘う。**ポッパー**、ペンシルベイトなどがある。
友釣り	42	釣法	自身のなわばりに他個体が侵入すると、威嚇攻撃して追い払うアユの習性を利用した釣法。オトリアユを竿先で操り、なわばりに侵入させ攻撃をしかけ、掛け針に掛かるのを待つ。
ドラグ	64, 111	道具	魚の強い引き込みがあった時、糸切れを防ぐためスプール（リールの糸巻部分）が逆転して糸を送り出す装置。逆転する張力はスプールのツマミで調整できる。
トラップ	137	技	浮遊性の魚卵をオーバーフローさせて、目合いの細かいネットで受けとること。
トルク	96	技	魚の引きの表現の一つで、ゆっくりではあるが、力強い動きをいう。
トレースライン	102	技	**ルアー**を**キャスト**して巻き取るまでの直線的な動線。
トローリング	8	釣法	沖合いで大きなルアーを船で引っ張りながら魚を釣る方法。

【な】

用語	ページ	分類	説明
凪	106	その他	ほぼ無風の状態をいうが、一般的には海面が波立たず、穏やかな状態を指す。⇔時化（しけ）
ナブラ	13	その他	小魚の群れがフィッシュイーター（ハマチやブリ、スズキなど魚を捕食する肉食魚のこと）に追われて、局所的に海面にさざ波立てて逃げる様子。
ノーシンカーリグ	103	道具	**オモリ**を使用しない、**ワーム**とフックだけの仕掛けのこと。
のっこみ	137	その他	［＝乗っ込み］魚が産卵のために深場から浅場へ近寄ること。産卵に備えて荒食いするため、釣りやすく大型魚もよく釣れる。

【は】

用語	ページ	分類	説明
バイト	14, 34, 74, 120, 135	技	ルアー用語で**アタリ**のこと。魚がルアーに食いついてきた状態が、ラインなどに伝わって感じ取れること。
爆釣	75, 101	その他	予想以上に釣れること。
バスフィッシング	100	釣法	ブラックバスを狙うジャンルの釣り。

用語	ページ	分類	説明
バチ抜け	46	その他	ゴカイ、イソメなどの多毛類が産卵のため、底の泥地からはい出て水面を浮遊する状態。2月の大潮前後が大量発生の時期で、その時期を狙ってフッコ、スズキが集まる。
バッカン	61	道具	防波堤や磯釣りで**コマセ**（撒き餌）や水を入れておくための軽量で長方形の入れ物。
バラし	26, 119	その他	（バラす）一度針にかかった魚が浅い針がかりやエラ洗いされたり竿さばきがうまくいかなかったりすることによって、はずれてしまうこと。
ハリス	61	道具	道糸とハリをつないでいる糸。
干潟	16	場所	遠浅の海岸で、潮が引いて現れたところ。
ひっかけ釣り	92	技	エサや**ルアー**を魚に食わせるのではなく、魚体のどこかに、針そのものを引っかけて釣る方法。
ピッチ	135	技	竿を上下に動かしたときの往復の行程のこと。スローピッチなどと用いる。
ピンテール	37	道具	テール（ルアーやワームの尻尾の部分）が細くなっているソフトルアーや**ワーム**のこと。
ファイト	29, 62	技	魚が針がかりした後のやり取りのこと。
フォール	58, 120	技	ルアーが沈んでいく状態のこと。
フッキング	74, 87, 93, 119, 136	技	魚がルアーに**バイト**した際、竿を強くあおり**アワセ**を入れ針を魚の口に貫通させること。
船釣り	8	釣法	船で沖に出て行う釣り。
フライ	10, 112	道具	毛ばりのこと。カゲロウなど水面を飛びかう昆虫を擬したフライや水中に棲む水生昆虫や小魚を擬したフライがある。
フライフィッシング	8, 112	釣法	フライフィッシングとは、フライ（毛ばり）を用いた魚釣りのこと。イギリスなどでスポーツとして行われた魚釣りがアメリカに伝わって発展した。
プラグ	72	道具	木やプラスチックなどでできており、浮力を持った**ルアー**の総称。オモリを内蔵させて沈むように作られたものもある。
ベイト	112, 121	その他	釣魚のエサとなっている生きもののこと。ベイトフィッシュと言えば、魚がエサとなっている。
ヘビータックル	110	道具	大型の魚を狙うタックル。
ボイル	34, 72	その他	ブラックバスやシーバスなどのフィッシュイーター（魚を捕食する肉食魚）が小魚を追いかけ水面で跳ね回る状態。またはフィッシュイーターの捕食音のこと。
ボウズ	31	その他	魚が1尾も釣れないこと。「おでこ」ともいう。
捕食スイッチ	13	その他	魚がエサやルアーを食べようとする、きっかけになるもの、条件。
ポッパー	14, 115	道具	水面に浮くルアーの一種。引く方向に対して、フラットな面が頭部にあるため、水面に大きなしぶきや音を作り出すことで、釣り魚にアピールする。

【ま】

用語	ページ	分類	説明
満潮（上げ潮）	88	場所	地球、月と太陽の相互作用による起潮力によって引き起こされる海水面の変動。水位が最も低い（高い）時を干潮（満潮）という。多くの場合、1日2回ずつ起こる。⇔**干潮**
ミスキャスト	37	技	仕掛けを投げる際にミスすること。
ミノー	115	道具	小魚に似せた**リップ**のついた細身の**ルアー**のこと。
ミノープラグ	80		(→ミノー)

		太字……索引中にある用語　**技**……技法にまつわる用語　**場所**……場所にまつわる用語	
		釣法……釣りジャンル　**道具**……釣り具にまつわる用語　**その他**……その他の用語	

用語	ページ	分類	説明
向こうアワセ	24	技	魚の活性が高く特に**アワセ**なくても魚が勝手にくわえて針がかりすること。
メタルジグ	116	道具	全金属製の棒状、板状のルアーのこと。素材の一部にゴムや樹脂を使用したラバージグに対する言葉。

【ら】

用語	ページ	分類	説明
ライトタックル	110	道具	小型の魚を対象とした道具で、軟らかめの竿と小型で軽量な**リール**、細い糸を組み合わせたもの。
ライン	27, 56, 75	道具	釣り糸のこと。多くの場合、（メインの）道糸のこと。
ラインブレイク	75	その他	糸が切れること。多くは糸についたキズが原因だが、時に大物に力ずくで切られることもある。
ラトル	14	道具	ルアーのボディ内に仕組まれた金属球のこと。内部で動くことで、水中に音（振動）を伝えて釣魚にアピールする。
リーダー	118	道具	メインの糸とルアーのあいだに結ぶ糸で、**ライン**よりも太く、強度のあるものをつける。**ルアーフィッシング**では、投げる際や根（海中の岩）による糸切れ防止のため使用される。
リール	64	道具	糸を巻いておく道具。これを用いることで、エサ（ルアー）を広い範囲に到達させることができるようになった。
リップ	112	道具	ミノーやクランクベイトなど**ルアー**の頭部に付いたプラスチックの潜行板のこと。ルアーが引かれるとリップが水圧を受け、その抵抗で潜る。
リトリーブ	113	技	投げた**ルアー**を**リール**で巻いて引くこと。ルアー釣りにおいては巻くスピードによって魚の反応が変わるので、いろいろなテクニックを駆使して魚を誘い出す。
リフト＆フォール	98	技	投げた**ルアー**を海底に着底させたあと、竿を**しゃくる**ことで、ルアーを上げたり（リフト）下げたり（フォール）させ、これをくりかえして魚を誘うアクションのこと。
リリース	64, 109	その他	釣った魚を逃がすこと。魚を空中に釣り上げた瞬間に針がはずれ、逃げられることを、エアーリリースという。
ルアー（疑似餌）	13	道具	釣魚のエサとなる生きものを模した、**疑似餌**のこと。
ルアーフィッシング	68	釣法	疑似餌を用いて釣る、釣りのジャンルの一つ。
ルアーロッド	86	道具	**疑似餌**を用いた釣りのための竿。
ロックフィッシュ	89	その他	底の根（岩場）に居付いている魚、根魚のこと。代表的な魚はメバル、カサゴ、ソイ、アイナメ、キジハタなど。

【わ】

用語	ページ	分類	説明
ワーム	37, 85, 103, 127	道具	**疑似餌**のことでやわらかいゴム系素材でできた疑似餌のこと。ミミズを模した形状から始まったので、この名がついている。

水族館発！みんなが知りたい釣り魚の生態
釣りのヒントは水族館にあった！？

定価はカバーに表示してあります。

2015年5月8日　初版発行
2022年4月28日　5版発行

編著者　海野徹也・馬場宏治
発行者　小川典子
印　刷　株式会社暁印刷
製　本　東京美術紙工協業組合

発行所 株式会社 成山堂書店
〒160-0012　東京都新宿区南元町4番51　成山堂ビル
TEL：03（3357）5861　　　FAX：03（3357）5867
URL　http://www.seizando.co.jp

落丁・乱丁本はお取り換えいたしますので、小社営業チーム宛にお送りください。

Ⓒ2015　Tetsuya Umino, Koji Baba
Printed in Japan　　　　　ISBN978-4-425-95551-0

新訂 ビジュアルでわかる 船と海運のはなし（増補改訂版）
拓海広志 [著]

その歴史から航海の基本、船体構造、物流の担い手としての現在の海運業の姿まで、図・表・写真300枚を用いてわかりやすく解説。

A5／290p／定価 本体3,000円

タカラガイ・ブック（改訂版）
日本のタカラガイ図鑑
池田 等・渕見慶宏 [著]

貝類のなかで最も美しく、人気があるタカラガイ類について収録した図鑑。本邦初の図書として2007年に刊行されたものの改訂版。

A5判／224p／定価 本体3,200円

魚探とソナーとGPSとレーダーと舶用電子機器の極意（改訂版）
須磨はじめ [著]

長年、古野電気に勤めてきた著者が、各機器のポイントを図解入り117項目で徹底解説。

A5判／232p／定価 本体3,000円

イカ先生のアオリイカ学　これで釣りが100倍楽しくなる！
富所 潤 [著]

釣り人の「知りたい！」を釣り人目線で解説。定番の情報や疑問からありがちな誤解までイカ釣りのスペシャリストが懇切丁寧に紹介。

A5判／160p／定価 本体1,800円

どうして海のしごとは大事なの？
「海のしごと」編集委員会 [著]

「海のしごと」にはどのようなものがあり、なぜ必要なのか。しごとに携わる方々からその内容、役割、意義、やりがいを紹介。

A5判／144p／定価 本体2,000円

世界に一つだけの深海水族館
沼津港深海水族館 館長
石垣幸二 [監修]

水深2,000mを誇る、日本一深い駿河湾に面した水族館の魅力を余すところなく詰め込んだ、深海生物とシーラカンスの写真集。

B5判／144p／定価 本体2,000円

磯で観察しながら見られる水に強い本！
海辺の生きもの図鑑
千葉県立中央博物館 分館
海の博物館 [監修]

潮間帯に暮らす海の生きもの300種を掲載。水に強いはっ水用紙を使用しているので、実際のフィールドで使えるフルカラーハンドブック。

新書判／144p／定価 本体1,400円

海の訓練ワークブック
日本海洋少年団連盟 [監修]

海の活動に必要な知識が詰まったガイドブック。オールカラーでイラスト、写真も豊富で海に関するすべての「科目」が習得できる。

A4変形判／108p／定価 本体1,600円

※定価はすべて税別です。

成山堂書店の刊行案内